普通高等教育网络空间安全系列教材

网络安全体系结构

张建标　林　莉　编著

科学出版社

北　京

内 容 简 介

本书围绕如何规划、设计和建设一个安全的网络信息系统，阐述了在等级保护制度的框架下，网络安全体系的规划设计、各个层次需要采用的关键技术等。全书共 8 章，主要内容包括绪论、通信与网络安全、安全体系设计、物理安全、系统安全、可信计算技术、网络安全等级保护和信息安全管理。本书内容新颖、概念清晰、系统性强。

本书适合作为高等院校信息安全专业、网络空间安全专业的本科生和研究生教材，也可作为与信息安全相关的教学、科研和工程技术人员的参考书。

图书在版编目（CIP）数据

网络安全体系结构/张建标，林莉编著. —北京：科学出版社，2021.11
（普通高等教育网络空间安全系列教材）
ISBN 978-7-03-070310-1

Ⅰ. ①网⋯ Ⅱ. ①张⋯ ②林⋯ Ⅲ. ①计算机网络-安全技术-高等学校-教材 Ⅳ. ①TP393.08

中国版本图书馆 CIP 数据核字(2021)第 217636 号

责任编辑：潘斯斯 / 责任校对：郭瑞芝
责任印制：张　伟 / 封面设计：迷底书装

科 学 出 版 社 出版
北京东黄城根北街 16 号
邮政编码：100717
http://www.sciencep.com

固安县铭成印刷有限公司 印刷
科学出版社发行　各地新华书店经销
*
2021 年 11 月第 一 版　开本：787×1092　1/16
2021 年 12 月第二次印刷　印张：13 1/4
字数：320 000

定价：59.00 元
（如有印装质量问题，我社负责调换）

前　　言

2017 年 6 月 1 日施行的《中华人民共和国网络安全法》规定了"国家实行网络安全等级保护制度"。为配合《中华人民共和国网络安全法》的实施，2019 年 5 月 10 日国家市场监督管理总局和国家标准化管理委员会修订发布了新的《信息安全技术　网络安全等级保护基本要求》(GB/T 22239—2019)、《信息安全技术　网络安全等级保护安全设计技术要求》(GB/T 25070—2019)和《信息安全技术　网络安全等级保护测评要求》(GB/T 28448—2019)等国家标准。在等级保护制度的框架下，如何规划、设计和建设一个安全的网络信息系统至关重要。本书从网络安全体系角度出发，阐述了网络安全体系的规划设计、各个层次需要采用的关键技术等。另外，本书也包括了网络安全等级保护标准和信息安全管理等内容。

本书共 8 章。第 1 章绪论，介绍了网络安全的概念、网络安全体系结构和我国的网络安全政策法规；第 2 章通信与网络安全，首先介绍了开放系统互连参考模型、TCP/IP模型和网络互联基础等内容，然后重点介绍了防火墙、入侵检测系统、VPN、防病毒网关等常用网络安全设备的原理、功能和性能要求；第 3 章安全体系设计，介绍了基本的安全术语，围绕定级系统，介绍了安全需求分析、设计目标和原则、信息系统安全体系设计；第 4 章物理安全，介绍了物理安全的脆弱性、威胁、目标和措施，以及数据中心建设的技术要求；第 5 章系统安全，介绍了安全模型、身份鉴别、访问控制、操作系统安全机制、数据库系统安全、备份与恢复；第 6 章可信计算技术，介绍了可信计算的概念、发展阶段、技术原理以及我国发布的主要可信计算标准；第 7 章网络安全等级保护，介绍了可信计算机系统评估准则、我国等级保护发展过程、等级划分准则、等级保护定级方法、等级保护基本要求、等级保护安全设计技术要求；第 8 章信息安全管理，介绍了 ISO 27000 系列标准，并对 ISO 27001 和 ISO 27002 两个主要标准进行了详细介绍。

本书充分结合我国网络安全相关国家标准及网络安全关键技术。每章的小结对该章的重点内容进行了简要概括；各章后均附有习题，用于强化章节重要知识点，测验学生对基本概念、重要内容的理解和掌握情况。

在本书编写过程中，参阅了大量相关书籍、论文、标准和网络文献，在此向相关作者表示感谢。在编辑出版过程中，得到了科学出版社的大力支持，在此表示感谢。

由于作者水平有限，书中难免存在疏漏之处，敬请读者批评指正。如果读者有任何建议或意见，可以发送电子邮件至 zjb@bjut.edu.cn。

作　者
2021 年 1 月

目　　录

第1章 绪 论

随着信息技术的飞速发展和我国信息化进程的不断推进,各种基础信息网络与重要信息系统支撑着公共通信和信息服务、能源、交通、水利、金融、公共服务、电子政务等重要行业及领域的应用,已经成为国家关键信息基础设施。国民经济和社会发展对信息化的高度依赖导致网络安全事件不断增多,网络安全问题日渐突出。网络安全问题直接影响到社会经济、政治、军事、个人生活的各个领域,不解决网络安全问题,不加强基础信息网络和重要信息系统的安全保障,信息化不可能得到持续健康的发展。当今世界,网络空间已成为继陆、海、空、天之外的国家第五主权空间,维护网络安全成为事关国家安全、国家主权和人民群众合法权益的重大问题。

2014年2月27日,中央网络安全和信息化领导小组成立,习近平总书记任组长,并召开了中央网络安全和信息化领导小组第一次会议。习总书记在会议上强调:"网络安全和信息化是一体之两翼、驱动之双轮,必须统一谋划、统一部署、统一推进、统一实施。做好网络安全和信息化工作,要处理好安全和发展的关系,做到协调一致、齐头并进,以安全保发展、以发展促安全,努力建久安之势、成长治之业。"[①]习总书记在会议上进一步指出"没有网络安全就没有国家安全,没有信息化就没有现代化。"[①] 2017年6月1日,《中华人民共和国网络安全法》开始施行。2019年5月10日,《信息安全技术 网络安全等级保护基本要求》(GB/T 22239—2019)、《信息安全技术 网络安全等级保护安全设计技术要求》(GB/T 25070—2019)和《信息安全技术 网络安全等级保护测评要求》(GB/T 28448—2019)等国家标准同时发布,并于2019年12月1日实施。由此可见,国家对网络安全已高度重视。

1.1 网络安全概述

1.1.1 网络安全的概念

"没有网络安全就没有国家安全",充分体现了网络安全在国家安全中的地位和重要性。那么,在介绍网络安全的基本概念之前,我们首先要清楚:什么是网络?只有有了网络,才有网络安全。《中华人民共和国网络安全法》第七十六条指出:"网络,是指由计算机或者其他信息终端及相关设备组成的按照一定的规则和程序对信息进行收集、存储、传输、交换、处理的系统。"

上述网络的概念,已不是传统的计算机网络、通信网络的概念,可以理解为一个更广泛意义上的网络。更确切地说,这里的网络就是指一个信息系统,或者是复杂环境下

---

① 《在中央网络安全和信息化领导小组第一次会议上的讲话》(2014年2月27日),《人民日报》2014年2月28日

的信息系统。

有了网络的概念之后，那什么是网络安全呢？

网络安全，是指通过采取必要措施，防范对网络的攻击、侵入、干扰、破坏和非法使用以及意外事故，使网络处于稳定可靠运行的状态，以及保障网络数据的完整性、保密性、可用性的能力。

这里的网络数据是指通过网络收集、存储、传输、处理和产生的各种电子数据。也就是说，这里的网络数据就是信息系统中收集、存储、传输、处理和产生的数据。信息系统中的数据也可称为信息。在此，网络安全的核心内涵还是信息系统安全，要保证网络安全就是要保证信息系统中所收集、存储、传输、处理和产生的信息的安全。

因此，本书中的网络如不特别说明，就是指信息系统，网络安全就是信息系统安全，两个概念基本是等价的，可以互换使用。网络安全体系结构也就是指信息系统安全体系结构。

1.1.2 信息安全属性

信息安全属性主要表现在以下 5 个方面。

1. 保密性

保密性(Confidentiality)是指使信息不泄露给未授权的个人、实体、进程，或不被其利用的特性。

保证保密性的方法主要包括以下几种。

(1)物理保密：采用各种物理方法，如限制、隔离、控制等措施保护信息不被泄露。

(2)加密：对数据进行密码变换以产生密文的过程，一般包括密码算法和密钥。采用密码技术加密信息，没有密钥的用户无法解密密文信息。

(3)信息隐藏：将信息嵌入其他客体中，隐藏信息的存在。

(4)电磁屏蔽：防止信息以电磁的方式(电磁辐射、电磁泄漏)发送出去。

2. 完整性

完整性(Integrity)是指信息没有遭受以非授权方式所做的篡改或破坏。影响完整性的主要因素有设备故障，传输、处理和存储过程中产生的误码，人为攻击和计算机病毒等。

保证完整性的方法主要包括以下几种。

(1)网络协议：为网络中的数据交换而建立的规则或约定，包括语法、语义和同步三个要素。通过网络协议自身检测出丢失、重复和乱序的信息，重放的信息，以及修改的信息。

(2)检错、纠错编码：通过编码方法完成检错和纠错功能，常用的奇偶校验就是检错编码。

(3)密码校验和：赋予数据单元一个数值，用于后期验证该数据单元是否遭受到恶意篡改或传输出错。

(4)数字签名：附加在数据单元上的数据，或者对数据单元所做的密码变换，这种数据或变换允许数据单元的接收者用以确认数据单元的来源和完整性，并保护数据防止被中间人伪造或发送者抵赖。

(5)公证：公证方就某一活动或事件中涉及的各实体、所存储或通信的数据的性质而出具证据的过程，公证方就是一种可以提供证据的可信第三方。通过第三方公证机构证明信息的真实性。

3. 可用性

可用性(Availability)是指已授权实体一旦需要就可访问和使用的特性。网络环境下的可用性不仅包括用户可访问硬件和软件资源，还包括用户有能力获得所期望的服务质量，如具有一定吞吐量的网络带宽。

保证可用性的方法主要包括以下几种。

(1)避免遭受攻击：一些基于网络的攻击旨在破坏、降级或摧毁网络资源。避免遭受攻击的方法包括关闭操作系统和网络配置中的安全漏洞、控制授权实体对资源的访问、限制和监测流经系统的数据来防止插入病毒等有害数据、防止路由表等网络数据的泄露。

(2)避免未授权使用：当资源被使用、占用或过载时，其可用性会受到限制。如果未授权用户占用了有限的资源(如处理能力、网络带宽等)，那么授权用户就不可使用资源了。避免未授权使用的方法包括通过访问控制限制未授权用户使用资源。

(3)防止程序运行失败：正常的用户行为和操作失误也可能导致系统可用性降低。防止程序运行失败的方法包括使用具有高可靠性的设备、提供设备冗余和提供多路径的网络连接等。

信息安全的上述三个基本属性在世界范围内已得到了各国专家的共识。但是，对于其他安全属性，还没有达成统一。在我国强调较多的属性有可控性和不可否认性。

4. 可控性

可控性(Controllability)是指能够控制使用信息资源的人或实体的使用方式。可控性是安全的必然要求，原因主要在于，社会中存在着不法分子和各种敌对势力，当他们不加控制地广泛使用安全设施和装置时，会严重影响政府对社会的监控管理行为。另外，从国家层面看，安全中的可控性除了对信息的可控外，还包括对安全产品、安全市场、安全厂商和安全研发人员的可控。

5. 不可否认性

不可否认性(Non-repudiation)也称抗抵赖性，是证明一个操作或事件已经发生且无法否认的机制。它是传统社会的不可否认需求在信息社会中的延伸，传统社会中的公章、印鉴、签名等手段是实现不可否认性的主要机制。

不可否认性分为发送不可否认性和接收不可否认性。发送不可否认性用于防止发送者否认自己已发送的数据，接收不可否认性用于防止接收者否认已接收过的数据。

保证不可否认性的方法主要包括以下几种。

(1)数字签名：防止发送方否认。

(2) 可信第三方：防止发送和/或接收方否认。

(3) 公证：防止发送和/或接收方否认。

1.1.3　信息安全发展历程

随着社会和技术的进步，信息安全也经历了一个发展的过程。了解信息安全的发展历程，可以更加全面地理解信息安全的概念。普遍认为，信息安全的发展可以划分为 3 个阶段，即通信保密阶段、计算机安全和信息安全阶段、信息保障阶段。

1. 通信保密阶段

通信保密阶段开始于 20 世纪 40 年代，其主要标志是香农(Shanon)于 1949 年发表的论文 *Communication Theory of Secrecy Systems*，该理论将密码学的研究纳入了科学的轨道。在通信保密阶段人们主要关注通信安全，关注对象主要是军方和政府，所面临的主要安全威胁是搭线窃听和密码学分析，需要解决的问题是在远程通信中拒绝未授权用户的信息访问以及确保通信的真实性。通信保密阶段主要的防护措施是数据加密，通过密码技术解决通信保密问题，从而保证信息的保密性和完整性。

2. 计算机安全和信息安全阶段

从 20 世纪 70 年代开始，通信保密阶段过渡到了计算机安全阶段，其主要标志是 1977 年美国国家标准局(NBS)公布的《数据加密标准》(Data Encryption Standard，DES)和 1985 年美国国防部(Department of Defense，DoD)公布的《可信计算机系统评估准则》(Trusted Computer System Evaluation Criteria，TCSEC)，即著名的"橘皮书"。

进入 20 世纪 80 年代后，计算机的性能得到极大地提高，应用范围得到了不断扩大，计算机遍及世界各个角落，利用通信网络实现了计算机的互联和资源共享。但是，计算机信息的安全问题也随之变得越来越严重。计算机在处理、存储、传输和使用信息上存在严重的脆弱性，信息很容易遭受干扰、滥用和丢失，甚至泄露、窃取、篡改、冒充和破坏。

计算机安全阶段初期的主要任务是确保计算机系统中的硬件、软件在处理、存储、传输信息过程中的保密性。其主要安全威胁来自信息的非授权访问，主要保护措施采用安全操作系统的可信计算基(Trusted Computing Base，TCB)技术，本阶段仍主要考虑信息保密性的安全要求。但随着计算机病毒、计算机软件漏洞等问题的不断出现，计算机安全中，除了保密性的安全要求外，还提出了对完整性和可用性等方面的安全要求。

国际标准化组织(International Organization for Standardization，ISO)将计算机安全定义为：为数据处理系统建立的安全保护，保护计算机硬件、软件数据不因偶然和恶意的原因而遭到破坏、更改和泄露。

进入 20 世纪 90 年代后，随着通信和计算机技术的进一步发展，尤其是互联网的快速发展和普及，人们对安全要求的关注对象逐步从计算机转向更具本质性的信息本身，信息安全的概念随之产生。人们需要保护信息在存储、处理或传输过程中不被非法访问或更改，确保对授权用户的服务并限制对未授权用户的服务，包括必要的检测、记录和抵御攻击的措施。除了保密性、完整性和可用性之外，人们对安全性有了可控性和不可否认性等新的要求。

国际标准化组织将信息安全定义为：保持信息的保密性、完整性、可用性；另外也可包括诸如真实性、可核查性、不可否认性和可靠性等。

3. 信息保障阶段

进入 20 世纪末和 21 世纪初，信息系统遭受的攻击日趋频繁，人们对信息安全概念的理解有了新的变化。

(1) 安全不再局限于对信息的保护，人们需要的是对整个信息和信息系统的保护和防御，包括保护、检测、响应和恢复等 4 个方面的能力。

(2) 安全的相对性、动态性更加引起关注，追求适度风险的信息安全成为人们的共识，安全不仅仅以功能或机制的强度作为评判指标，结合应用环境和应用需求，更加强调安全是一种信心的度量，使信息系统的使用者确信已达到预期的安全目标。

针对安全概念的新变化，1996 年美国国防部在国防部令 S-3600.1 中最早提出了信息保障 (Information Assurance，IA) 的概念，将信息保障定义为：保护和防御信息及信息系统，确保其可用性、完整性、保密性、鉴别和不可否认性等属性。这包括在信息系统中融入保护、检测、响应功能，并提供信息系统的恢复功能。这个定义强调了信息保障的范畴不仅仅是对信息的保障，也包括对信息系统的保障，明确了信息安全的 5 个基本属性，即可用性、完整性、保密性、鉴别和不可否认性，提出了 4 个动态的信息安全环节，即保护、检测、响应和恢复。与早期的信息安全概念相比较，信息保障的概念更符合现在对信息安全的要求，体现未雨绸缪、积极防御的思想。

在信息保障研究中，美国军方走在世界前列，其代表性著作之一是美国国家安全局 (National Security Agency，NSA) 于 2000 年 9 月发布的《信息保障技术框架》(3.0 版)，该文献于 2002 年 9 月更新为 3.1 版。此外，美国军方还于 2002 年 10 月和 2003 年初先后颁布了信息保障指导方针，即国防部第 8500.1 号令《信息保障》和第 8500.2 号令《信息保障的实施》，以指导全军的信息保障工作。

信息保障是信息安全发展的最新阶段，人们习惯上仍沿用信息安全的称谓。为了加以区分，同时体现继承性，也可采用信息安全保障概念。

1.2 网络安全体系结构

1.2.1 网络安全体系模型

在过去几十年中，美国提出了多个网络安全体系模型和框架，比较经典的如 PDRR 模型、P2DR 模型、IATF 框架和 CGS 框架。

1. PDRR 模型

PDRR 模型是 20 世纪 90 年代美国国防部提出的，是保护 (Protection)、检测

(Detection)、响应(Reaction)和恢复(Recovery)的缩写。PDRR 改进了传统的只注重防护的单一安全防御思想,强调信息保障的 PDRR 四个重要环节。

PDRR 模型把信息的安全保护作为基础,主要的保护措施包括加密、数字签名、访问控制、认证和防火墙等;将保护视为活动过程,要用检测措施来发现安全漏洞并及时更正,主要的检测措施包括入侵检测、系统脆弱性检测、数据完整性检测和攻击检测等;同时采用应急响应措施对付各种入侵,主要包括应急策略、机制和措施,安全状态评估等;在系统被入侵后,要采取相应的措施将系统恢复到正常状态,主要包括数据备份、数据恢复和系统恢复。通过上述四个环节,信息的安全得到全方位的保障。PDRR 模型更强调的是自动故障恢复能力。

2. P2DR 模型

20 世纪 90 年代末,美国国际互联网安全系统公司(ISS)提出了 P2DR 模型,它主要由四部分组成:策略(Policy)、保护(Protection)、检测(Detection)和响应(Response)。该模型是在整体安全策略的控制和指导下,综合运用保护工具(如加密、访问控制、认证和防火墙等)的同时,利用检测工具(如入侵检测系统、漏洞评估等)了解和评估系统的安全状态,通过适当的响应将系统调整到一个比较安全的状态。保护、检测和响应组成了一个完整的、动态的安全循环。

P2DR 模型中策略是核心,意味着网络安全要达到的目标,决定各种措施的强度;保护是安全的第一步,包括制定安全规章(以安全策略为基础)、配置系统安全(配置操作系统、安装补丁等)、采用安全措施(安装防火墙、VPN 等);检测是对前面两步的补充,通过检测发现系统或网络的异常情况,发现可能的攻击行为;响应是在发现异常或攻击行为后系统采取的行动。

P2DR 模型以基于时间的安全理论作为基础。其基本原理是:信息安全相关的所有活动,如攻击行为、保护行为、检测行为和响应行为等都要消耗时间,因此可以用时间来衡量一个体系的安全性和安全能力。

该模型涉及保护时间 P_t、检测时间 D_t、响应时间 R_t 和系统暴露时间 E_t。保护时间 P_t 就是从入侵开始到成功侵入系统的时间,即攻击所需时间;检测时间 D_t 就是发现系统存在安全隐患和潜在攻击的时间;响应时间 R_t 就是检测到系统漏洞或监控到非法攻击至系统启动处理措施的时间;系统暴露时间 E_t 就是系统处于不安全状态的时间,等于从检测到入侵者破坏安全目标开始,直到将系统恢复到正常状态的时间。系统的暴露时间越长,系统越不安全。

P2DR 模型用数学公式描述了安全的概念:系统的保护时间应大于系统检测到入侵行为的时间加上系统响应时间,即

$$P_t > D_t + R_t$$

也就是在入侵者危害安全目标之前就能够被检测到并及时处理。安全的目标实际上就是尽可能地增大保护时间,尽量减少检测时间和响应时间,在系统遭到破坏后,应尽快恢复,以减少系统的暴露时间。

3. IATF 框架

1998 年 5 月，美国当时的克林顿政府发布第 63 号总统令《克林顿政府对关键基础设施保护的政策》，加强了对其国家关键基础设施，特别是信息基础设施保护的研究。IATF（Information Assurance Technical Framework，信息保障技术框架）由美国 NSA 制定并发布，为保护美国政府和工业界的信息与信息技术设施提供技术指南，其前身是《网络安全框架》（Network Security Framework，NSF）。1998 年，NSA 基于美国信息化现状和信息保障的需求，建立了 NSF。1999 年，NSA 将 NSF 更名为 IATF，并发布 IATF 2.0版，2000 年 9 月发布 IATF 3.0 版，2002 年 9 月将其更新为 3.1 版。

IATF 是一系列保证信息和信息设施安全的指南，为建设信息保障系统及其软硬件组件定义了一个过程，依据纵深防御策略，提供一个多层次的、纵深的安全措施来保障用户信息及信息系统的安全。

IATF 将信息系统的信息保障技术层面划分成四个技术框架焦点域：局域计算环境（Local Computing Environment）、区域边界（Enclave Boundaries）、网络和基础设施（Networks and Infrastructures）、支撑性基础设施（Supporting Infrastructures），如图 1-1 所示。在每个焦点域内，IATF 描述了其特有的安全需求和相应的可选择的技术措施。IATF提出这四个焦点域的目的是让人们理解网络安全的不同方面，以全面分析信息系统的安全需求，考虑采用恰当的安全防御机制。

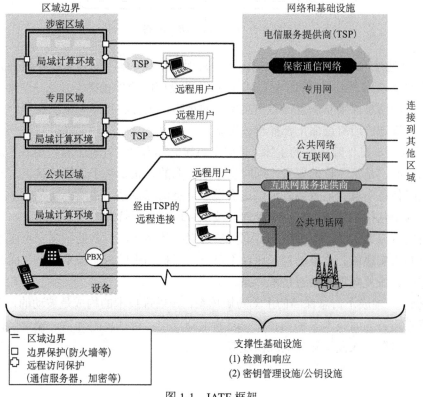

图 1-1 IATF 框架

四个焦点域中，局域计算环境包括服务器、客户端及其上所安装的应用程序、操作系统等；区域边界是指通过局域网相互连接、采用单一安全策略且不考虑物理位置的本地计算设备的集合；网络和基础设施提供区域互联，包括操作域网、城域网、校园网和局域网，涉及广泛的社会团体和本地用户；支撑性基础设施为网络、区域边界和计算环境的信息保障机制提供支持基础。

IATF 信息保障的核心思想是深度防御战略，该战略为信息保障体系提供了全方位、多层次的指导思想，通过从多层次和技术框架的各个区域中实施保障机制，以最大限度降低风险、防止攻击，保障用户信息及其信息系统的安全。IATF 的深度防御战略如图 1-2 所示，其中人员、技术和操作是核心因素，是保障信息及信息系统安全必不可少的要素。

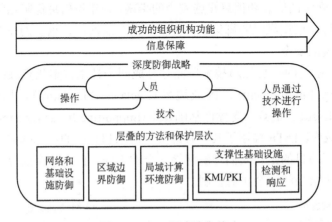

图 1-2 IATF 深度防御战略

IATF 创造性的地方在于，首次提出了信息保障依赖于人员、技术和操作来共同实现组织机构职能/业务运作的思想，对技术/信息基础设施的管理也离不开这三个要素。IATF认为，稳健的信息保障状态意味着信息保障的策略、过程、技术和机制在整个组织机构的信息基础设施的所有层面上都能得以实施。

(1)人员：信息保障体系的主体，是信息系统的拥有者、管理者和使用者，是信息保障体系的核心，是第一位的要素，同时也是最脆弱的。正是基于这样的认识，安全管理在信息保障体系中就越显重要，可以这么说，信息保障体系，实质上就是一个安全管理的体系，其中包括意识培训、组织管理、技术管理和操作管理等多个方面。

(2)技术：实现信息保障的重要手段，信息保障体系所应具备的各项安全服务就是通过技术机制来实现的。这里的技术已经不单是以保护为主的静态技术体系，而是保护、检测、响应、恢复并重的动态技术体系。

(3)操作：构成了信息保障的主动防御体系，如果说技术的构成是被动的，那么操作和流程就是将各方面技术紧密结合在一起的主动过程，包括风险评估、安全监控、安全审计、跟踪告警、入侵检测、响应恢复等。

4. CGS 框架

基于美国国家安全系统信息保障的最佳实践，NSA 于 2014 年 6 月发布《美国国家安全体系黄金标准》（Community Gold Standard v2.0，CGS 2.0）。CGS 2.0 框架强调了网络空间安全四大总体性功能：治理（Govern）、保护、检测和响应与恢复，如图 1-3 所示。

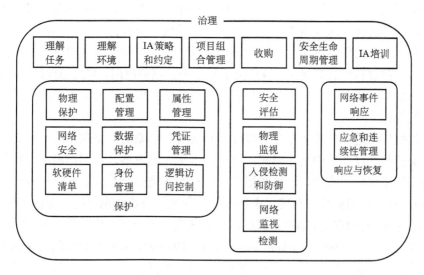

图 1-3　CGS 2.0 框架

（1）治理功能：为全面了解整个组织机构的使命与环境、管理档案与资源、建立跨组织机构的弹性机制等行为提供指南。

（2）保护功能：为组织机构保护物理和逻辑环境、资产与数据提供指南。

（3）检测功能：为识别和防御组织机构的物理及逻辑事务上的漏洞、异常与攻击提供指南。

（4）响应与恢复功能：为建立针对威胁和漏洞的有效响应机制提供指南。

CGS 框架的设计使得组织机构能够应对各种不同的挑战。该框架没有给出单独的一种方法来选择和实施安全措施，而是按照逻辑，将基础设施的系统性理解与管理能力以及通过协同工作来保护组织机构安全的保护和检测能力整合在一起。

1.2.2　分等级保护安全技术设计框架

1. 信息系统与信息系统安全子系统

信息系统是指由计算机或者其他信息终端及相关设备组成的按照一定的规则和程序对信息进行收集、存储、传输、交换、处理的系统。

信息系统安全子系统是指信息系统内安全保护装置的总称，包括硬件、固件、软件和负责执行安全策略的组合体。它建立了一个基本的信息系统安全保护环境，并提供安全信息系统所要求的附加用户服务。

值得注意的是,按照国家标准《计算机信息系统　安全保护等级划分准则》(GB 17859—1999)中可信计算基的定义,信息系统安全子系统就是信息系统的可信计算基。

2. 分等级保护思想

以信息资产安全保护为中心,按照数据信息进行分类实行分区域分等级保护,是信息系统实施分等级保护的基本思想,贯穿于信息系统安全设计的全过程。

信息系统资产的价值可以由信息的价值充分体现。对信息系统中任何资产的保护,都可以归结为对数据信息的保护。信息系统在各个领域的应用,都是通过信息起作用的,这是各类信息系统的共同点。因此,只有确保数据信息安全,信息系统的各种应用才能得到应有的保证。

按照数据信息进行分类实行分等级保护是实现信息系统安全保护的一种有效方法,体现重点保护和适度保护的基本思想。经过二十多年的发展,我国已形成了针对重要信息系统的分等级保护的政策、法律和标准,它们是实现信息系统安全框架设计的基础和依据。1994 年 2 月国务院发布的《中华人民共和国计算机信息系统安全保护条例》(国务院第 147 号令)明确规定我国"计算机信息系统实行安全等级保护",依据国务院第 147号令要求制定发布的强制性国家标准 GB 17859—1999 为计算机信息系统安全保护等级的划分奠定了技术基础。2008 年 11 月实施的国家标准《信息安全技术　信息系统安全等级保护基本要求》(GB/T 22239—2008)规定了不同安全保护等级信息系统的最低保护要求。2011 年 2 月实施的国家标准《信息安全技术　信息系统等级保护安全设计技术要求》(GB/T 25070—2010)给出了信息系统等级保护安全技术设计框架。2017 年 6 月 1 日实施的《中华人民共和国网络安全法》明确指出"国家实行网络安全等级保护制度"。2019年 12 月实施的国家标准《信息安全技术　网络安全等级保护基本要求》(GB/T 22239—2019)和《信息安全技术　网络安全等级保护安全设计技术要求》(GB/T 25070—2019)分别代替 GB/T 22239—2008 和 GB/T 25070—2010 标准,新的等级保护标准给出了通用网络安全等级保护安全技术设计框架,以及云计算、移动互联、物联网和工业控制系统等新型应用的安全设计技术框架。

3. 一个中心三重防护

根据前面分等级保护的思想,一个已确定安全保护等级的系统也称为定级系统(Classified System)。根据国家标准 GB 17859—1999,定级系统分为第一级、第二级、第三级、第四级和第五级系统。定级系统安全保护环境由安全计算环境、安全区域边界、安全通信网络和(或)安全管理中心构成,也可称为一个中心三重防护,如图 1-4 所示。

(1)安全计算环境是对定级系统的信息进行存储、处理及实施安全策略的相关部件。

(2)安全区域边界是对定级系统的安全计算环境边界,以及安全计算环境与安全通信网络之间实现连接并实施安全策略的相关部件。

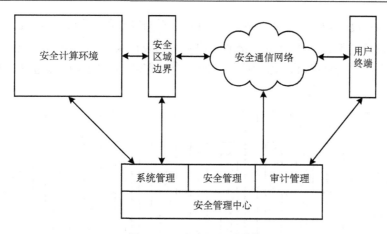

图 1-4　一个中心三重防护

（3）安全通信网络是对定级系统安全计算环境之间进行信息传输及实施安全策略的相关部件。

（4）安全管理中心是对定级系统的安全策略及安全计算环境、安全区域边界和安全通信网络上的安全机制实施统一管理的平台。

由图 1-4 可知，一个中心三重防护，就是针对安全管理中心和安全计算环境、安全区域边界、安全通信网络的安全合规进行方案设计，建立以计算环境安全为基础，以区域边界安全、通信网络安全为保障，以安全管理中心为核心的信息安全整体保障体系。

《信息安全技术　网络安全等级保护基本要求》（GB/T 22239—2019）更加强调了安全通信网络、安全区域边界和安全计算环境的可信验证要求，即实现以可信验证为支撑的一个中心三重防护，如图 1-5 所示。

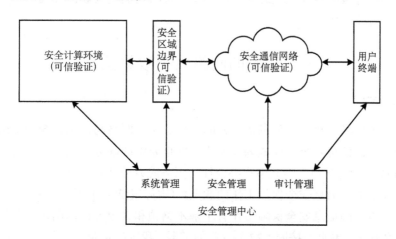

图 1-5　可信验证支撑的一个中心三重防护

4. 通用等级保护安全技术设计框架

按照数据信息进行分类实行分区域分等级保护的思想可知，当一个组织机构中存在多类不同重要程度的数据信息时，它就会由多个不同等级的定级系统构成。通用等级保护安全技术设计框架包括各级系统安全保护环境的设计及其安全互联的设计，如图 1-6 所示。各级系统安全保护环境由相应等级的安全计算环境、安全区域边界、安全通信网络和(或)安全管理中心组成。

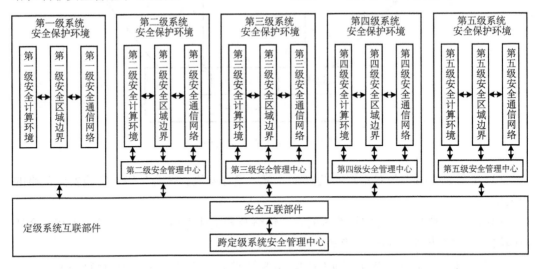

图 1-6 通用等级保护安全技术设计框架

各级系统安全保护环境通过定级系统互联部件实现互联。定级系统互联部件由安全互联部件和跨定级系统安全管理中心组成。安全互联部件和跨定级系统安全管理中心实现相同或不同等级的定级系统安全保护环境之间的安全连接。跨定级系统安全管理中心是对相同或不同等级的定级系统之间互联的安全策略及安全互联部件上的安全机制实施统一管理的平台或区域。

1.3 我国的网络安全政策法规

1.3.1 "27 号文"

随着我国国民经济和社会信息化进程的全面加快，网络与信息系统的基础性、全局性作用日益增强，信息安全已经成为国家安全的重要组成部分。党和政府对信息安全高度重视，2003 年 9 月 7 日，中共中央办公厅、国务院办公厅发出通知，转发《国家信息化领导小组关于加强信息安全保障工作的意见》(中办发[2003]27号)(简称"27 号文")，它的诞生标志着我国信息安全保障工作有了基本纲领和大政方针，明确了总体要求、主要原则和主要任务。从此，按照"27 号文"的部署，我国的信息安全保障工作进展顺利，大大提高了信息安全保障水平。

"27号文"确定的我国信息安全保障工作的总体要求是："坚持积极防御、综合防范的方针，全面提高信息安全防护能力，重点保障基础信息网络和重要信息系统安全，创建安全健康的网络环境，保障和促进信息化发展，保护公众利益，维护国家安全。"

"27号文"确定的我国信息安全保障工作的主要原则是:"立足国情,以我为主,坚持技术与管理并重;正确处理安全与发展的关系,以安全保发展,在发展中求安全;统筹规划,突出重点,强化基础性工作;明确国家、企业、个人的责任和义务,充分发挥各方面的积极性,共同构筑国家信息安全保障体系。"

"27号文"确定的我国信息安全保障工作的主要任务是:"实行信息安全等级保护;加强以密码技术为基础的信息保护和网络信任体系建设;建设和完善信息安全监控体系;重视信息安全应急处理工作;加强信息安全技术研究开发,推进信息安全产业发展;加强信息安全法制建设和标准化建设;加快信息安全人才培养,增强全民信息安全意识;保证信息安全资金;加强对信息安全保障工作的领导,建立健全信息安全管理责任制。"

1.3.2 国家信息化发展战略

2006年3月19日,中共中央办公厅、国务院办公厅印发《2006—2020年国家信息化发展战略》(中办发[2006]11号),分析了全球信息化发展的基本趋势和我国信息化发展的基本形势,提出了我国信息化发展的指导思想、战略目标、战略重点、战略行动计划和保障措施。

我国信息化发展的指导思想是:以邓小平理论和"三个代表"重要思想为指导,贯彻落实科学发展观,坚持以信息化带动工业化、以工业化促进信息化,坚持以改革开放和科技创新为动力,大力推进信息化,充分发挥信息化在促进经济、政治、文化、社会和军事等领域发展的重要作用,不断提高国家信息化水平,走中国特色的信息化道路,促进我国经济社会又快又好地发展。

到2020年,我国信息化发展的战略目标是:综合信息基础设施基本普及,信息技术自主创新能力显著增强,信息产业结构全面优化,国家信息安全保障水平大幅提高,国民经济和社会信息化取得明显成效,新型工业化发展模式初步确立,国家信息化发展的制度环境和政策体系基本完善,国民信息技术应用能力显著提高,为迈向信息社会奠定坚实基础。

把"建设国家信息安全保障体系"作为我国信息化发展的战略重点之一,为我国的信息安全保障工作指明了方向。《2006—2020年国家信息化发展战略》中明确指出:"全面加强国家信息安全保障体系建设。坚持积极防御、综合防范,探索和把握信息化与信息安全的内在规律,主动应对信息安全挑战,实现信息化与信息安全协调发展。坚持立足国情,综合平衡安全成本和风险,确保重点,优化信息安全资源配置。建立和完善信息安全等级保护制度,重点保护基础信息网络和关系国家安全、经济命脉、社会稳定的重要信息系统。"

1.3.3 国家网络空间安全战略

2016年12月27日,经中央网络安全和信息化领导小组批准,国家互联网信息办公室发布《国家网络空间安全战略》,指出:"网络空间安全(以下称网络安全)事关人类共同利益、世界和平与发展,事关各国国家安全。维护我国网络安全是协调推进全面建成小康社会、全面深化改革、全面依法治国、全面从严治党战略布局的重要举措，是实现'两个一百年'奋斗目标、实现中华民族伟大复兴中国梦的重要保障。"该战略阐明中国关于网络空间发展和安全的重大立场，指导中国网络安全工作，维护国家在网络空间的主权、安全、发展利益。该战略主要包括机遇和挑战、目标、原则及战略任务四个部分。

机遇和挑战：网络空间机遇和挑战并存，机遇大于挑战。必须坚持积极利用、科学发展、依法管理、确保安全，坚决维护网络安全，最大限度利用网络空间发展潜力，更好惠及13亿多中国人民，造福全人类，坚定维护世界和平。

目标：以总体国家安全观为指导，贯彻落实创新、协调、绿色、开放、共享的发展理念，增强风险意识和危机意识，统筹国内国际两个大局，统筹发展安全两件大事，积极防御、有效应对，推进网络空间和平、安全、开放、合作、有序，维护国家主权、安全、发展利益，实现建设网络强国的战略目标。

原则：一个安全稳定繁荣的网络空间，对各国乃至世界都具有重大意义。中国愿与各国一道，加强沟通、扩大共识、深化合作，积极推进全球互联网治理体系变革，共同维护网络空间和平安全。该战略中具体包括四项原则：①尊重维护网络空间主权；②和平利用网络空间；③依法治理网络空间；④统筹网络安全与发展。

战略任务：中国的网民数量和网络规模世界第一，维护好中国网络安全，不仅是自身需要，对于维护全球网络安全乃至世界和平都具有重大意义。中国致力于维护国家网络空间主权、安全、发展利益，推动互联网造福人类，推动网络空间和平利用和共同治理。该战略中具体包括九项任务：①坚定捍卫网络空间主权；②坚决维护国家安全；③保护关键信息基础设施；④加强网络文化建设；⑤打击网络恐怖和违法犯罪；⑥完善网络治理体系；⑦夯实网络安全基础；⑧提升网络空间防护能力；⑨强化网络空间国际合作。

在"夯实网络安全基础"战略任务中指出："建立完善国家网络安全技术支撑体系。加强网络安全基础理论和重大问题研究。加强网络安全标准化和认证认可工作，更多地利用标准规范网络空间行为。做好等级保护、风险评估、漏洞发现等基础性工作，完善网络安全监测预警和网络安全重大事件应急处置机制。"

1.3.4 网络安全法

《中华人民共和国网络安全法》(以下简称网络安全法)包括总则、网络安全支持与促进、网络运行安全、网络信息安全、监测预警与应急处置、法律责任和附则共七章，79条内容。

制定网络安全法的目的：保障网络安全，维护网络空间主权和国家安全、社会公共利益，保护公民、法人和其他组织的合法权益，促进经济社会信息化健康发展。

网络安全法适用的对象：在中华人民共和国境内建设、运营、维护和使用网络，以及网络安全的监督管理。

在网络安全法第三章中，第二十一条明确了"国家实行网络安全等级保护制度。网络运营者应当按照网络安全等级保护制度的要求，履行下列安全保护义务，保障网络免受干扰、破坏或者未经授权的访问，防止网络数据泄露或者被窃取、篡改：（一）制定内部安全管理制度和操作规程，确定网络安全负责人，落实网络安全保护责任；（二）采取防范计算机病毒和网络攻击、网络侵入等危害网络安全行为的技术措施；（三）采取监测、记录网络运行状态、网络安全事件的技术措施，并按照规定留存相关的网络日志不少于六个月；（四）采取数据分类、重要数据备份和加密等措施；（五）法律、行政法规规定的其他义务。"第三十一条明确了"国家对公共通信和信息服务、能源、交通、水利、金融、公共服务、电子政务等重要行业和领域，以及其他一旦遭到破坏、丧失功能或者数据泄露，可能严重危害国家安全、国计民生、公共利益的关键信息基础设施，在网络安全等级保护制度的基础上，实行重点保护。"

1.3.5　网络安全等级保护国家标准

为了配合《中华人民共和国网络安全法》的实施，同时适应云计算、移动互联、物联网和工业控制系统等新技术、新应用情况下网络安全等级保护工作的开展，修订、调整了原国家标准《信息安全技术　信息系统安全等级保护基本要求》（GB/T 22239—2008）的内容，于 2019 年 5 月 10 日发布了国家标准《信息安全技术　网络安全等级保护基本要求》（GB/T 22239—2019），新标准中，针对共性安全保护需求提出安全通用要求，针对云计算、移动互联、物联网和工业控制系统等新技术、新应用领域的个性安全保护需求提出安全扩展要求，形成了新的网络安全等级保护基本要求标准。同期还修订发布了《信息安全技术　网络安全等级保护安全设计技术要求》（GB/T 25070—2019）、《信息安全技术　网络安全等级保护测评要求》（GB/T 28448—2019）、《信息安全技术　网络安全等级保护实施指南》（GB/T 25058—2019）等国家标准。

1.3.6　网络安全审查办法

为了确保关键信息基础设施供应链安全，维护国家安全，依据《中华人民共和国国家安全法》《中华人民共和国网络安全法》《中华人民共和国数据安全法》，国家互联网信息办公室、国家发展和改革委员会、工业和信息化部、公安部、国家安全部等部门联合制定了《网络安全审查办法》，于 2020 年 6 月 1 日实施。关键信息基础设施运营者采购网络产品和服务，应当预判该产品和服务投入使用后可能带来的国家安全风险，影响或者可能影响国家安全的，应当向网络安全审查办公室申报网络安全审查。网络安全审查坚持防范网络安全风险与促进先进技术应用相结合、过程公正透明与知识产权保护相结合、事前审查与持续监管相结合、企业承诺与社会监督相结合，从产品和服务安全性、可能带来的国家安全风险等方面进行审查。主要考虑以下因素：①产品和服务使用后带来的关键信息基础设施被非法控制、遭受干扰或破坏，以及重要数据被窃取、泄露、毁损的风险；②产品和服务供应中断对关键信息基础设施业务连续性的危害；③产品和服务的安全性、开放性、透明性、来源的多样性，供应渠道的可靠性以及由政治、外交、贸易等因素导致供应中断的风险；④产品和服务提供者遵守中国法律、行政法规、部门规章的情况；⑤其他可能危害关键信息基础设施安全和国家安全的因素。

1.4　本章小结

（1）网络安全法中的网络是指由计算机或者其他信息终端及相关设备组成的按照一定的规则和程序对信息进行收集、存储、传输、交换、处理的系统。这里的网络等价于信息系统的概念。

（2）网络安全，是指通过采取必要措施，防范对网络的攻击、侵入、干扰、破坏和非法使用以及意外事故，使网络处于稳定可靠运行的状态，以及保障网络数据的完整性、保密性、可用性的能力。

（3）信息的安全属性包括保密性、完整性、可用性、可控性和不可否认性等。其中保密性、完整性和可用性是三个基本安全属性。

（4）信息安全的发展过程经历了三个阶段，即通信保密阶段、计算机安全和信息安全阶段、信息保障阶段。

（5）经典的网络安全体系模型包括 PDRR 模型、P2DR 模型、IATF 框架和 CGS 框架。

（6）信息系统安全子系统是指信息系统内安全保护装置的总称，包括硬件、固件、软件和负责执行安全策略的组合体。信息系统安全子系统建立了一个基本的信息系统安全保护环境，并提供安全信息系统所要求的附加用户服务。

（7）一个中心三重防护，就是建立以计算环境安全为基础，以区域边界安全、通信网络安全为保障，以安全管理中心为核心的信息安全整体保障体系。安全计算环境、安全区域边界和安全通信网络需要可信验证为支撑。

（8）"27 号文"的发布标志着我国信息安全保障工作有了基本纲领和大政方针，明确了总体要求、主要原则和主要任务。

（9）《中华人民共和国网络安全法》包括总则、网络安全支持与促进、网络运行安全、网络信息安全、监测预警与应急处置、法律责任和附则共七章，79 条内容，自 2017 年 6 月 1 日起施行。

（10）《网络安全审查办法》于 2020 年 6 月 1 日实施。关键信息基础设施运营者采购网络产品和服务，应当预判该产品和服务投入使用后可能带来的国家安全风险，影响或者可能影响国家安全的，应当向网络安全审查办公室申报网络安全审查。

习　　题

1. 简述网络安全法中网络安全的概念。

2. 什么是保密性、完整性和可用性？

3. 信息安全经历了哪三个发展阶段？

4. 什么是 PDRR 模型、P2DR 模型？

5. 什么是一个中心三重防护？

6. 什么是信息系统安全子系统？

7. "27 号文"的总体要求、主要原则是什么？

8.《国家网络空间安全战略》的目标、原则和战略任务是什么？

第 2 章　通信与网络安全

2.1　开放系统互连参考模型

为了更好地促进网络互联的研究和发展，国际标准化组织在 20 世纪 80 年代制定了网络互连七层架构的一个参考模型，称为开放系统互连参考模型（Open Systems Interconnection Reference Model，OSI-RM）。OSI 参考模型采用了分层结构技术，把一个网络系统分成若干层，每一层都实现不同的功能，每一层的功能都以协议形式描述，协议定义了某层同远方一个对等层通信所使用的一套规则和约定。每一层向相邻上层提供一套确定的服务，并且使用与之相邻的下层所提供的服务。按功能划分的七个层次，从低到高依次为：物理层、数据链路层、网络层、传输层、会话层、表示层和应用层，如图 2-1 所示。

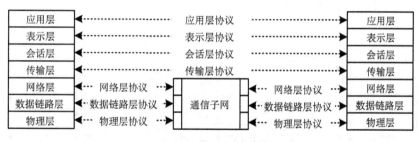

图 2-1　OSI 参考模型

（1）物理层：OSI 参考模型的最低层，传输的基本单位是比特，主要定义了系统的电气、机械、过程和功能标准，如电压、数据传输速率、最大传输距离、物理连接器接口等。

（2）数据链路层：在通信实体间建立数据链路，并为网络层提供差错控制和流量控制服务，传输的基本单位是帧。数据链路层由介质访问控制（Medium Access Control，MAC）子层和逻辑链路控制（Logical Link Control，LLC）子层组成。MAC 子层的主要任务是规定如何在物理线路上传输帧。LLC 子层对在同一条数据链路上的设备之间的通信进行管理。

（3）网络层：为数据在结点之间传输创建逻辑链路，传输的基本单位是分组，通过路由选择算法为分组选择最佳路径，实现拥塞控制、网络互联等功能。网络层提供面向连接和面向无连接两种服务。面向连接的服务提供可靠的传输服务，数据在传输之前必须先建立连接，然后传输数据，结束后终止连接。网络层以虚电路服务的方式实现面向连接的服务。面向无连接的服务是一种不可靠的服务，不能防止分组的丢失、重复或失序。面向无连接的服务优点在于其服务方式灵活方便，并且非常迅速。

(4)传输层：为用户提供端到端的服务，处理数据报错误、分组次序等传输问题，传输的基本单位是数据报。传输层是 OSI 参考模型中高低层之间衔接的一个关键接口层，它向高层屏蔽了下层数据传输的通信细节，使用户完全不用考虑物理层、数据链路层和网络层的详细工作。

(5)会话层：负责维护两个结点之间的传输连接，确保点对点传输不中断，以及管理数据交换等功能。会话层在应用进程中建立、管理和终止会话。会话层可以通过对话进行控制来决定使用全双工通信还是半双工通信。

(6)表示层：表示层以下各层主要完成从源端到目的端可靠的数据传输，而表示层更关心的是传输数据的语法和语义。表示层的主要功能是为两个应用进程之间传送的数据提供表示方式，主要包括数据格式变化、数据加密与解密、数据压缩与解压等。

(7)应用层：OSI 参考模型的最高层，直接为用户的应用进程提供服务，对应用进程经常使用的一些功能以及实现这些功能所要使用的协议进行标准化。互联网的主要应用有 Web、电子邮件、远程登录、文件传输等。

OSI 参考模型数据传输的基本过程如图 2-2 所示。假定主机 A 的应用进程向主机 B 的应用进程发送数据，用实线箭头表示数据的传输。请注意，此处为了简化描述，没有考虑通过通信子网的数据传输过程。

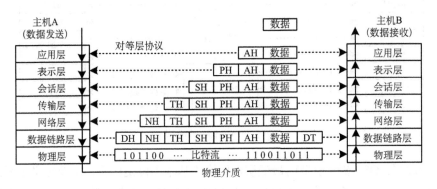

图 2-2　OSI 参考模型数据传输基本过程

在发送端，主机 A 的应用进程首先把数据交给本机的应用层。数据在应用层加上首部信息 AH(Application Head)，传递给表示层作为表示层的传输数据，在表示层再加上其首部信息 PH(Presentation Head)，类似的处理过程，数据依次通过会话层、传输层、网络层、数据链路层，分别加上相应层的首部信息 SH(Session Head)、TH(Transmission Head)、NH(Network Head)、DH(Datalink Head)和 DT(Datalink Tail)，最后到达物理层，在物理介质上实现比特流的传输。由于物理层传输比特流，不再增加首部信息。

在接收端，主机 B 从物理层接收比特流传送给数据链路层，数据链路层根据本层协议格式，去掉首、尾部信息，把数据链路层数据传送给网络层，类似的处理过程，依次通过网络层、传输层、会话层、表示层和应用层，分别去掉相应层的首部信息 NH、TH、SH、PH 和 AH，最后应用层把数据传送给主机 B 的应用进程。

实际的网络环境中,通信两端的主机 A 和主机 B 之间可能通过多个不同的物理网络。图 2-3 给出了主机 A 和主机 B 经过多个中间路由器的数据传输过程。

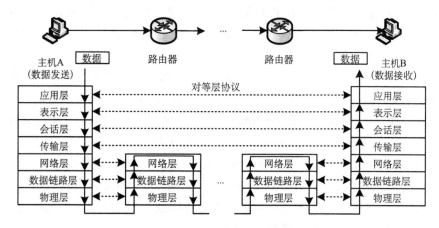

图 2-3　经过中间路由器的数据传输过程

2.2　TCP/IP 模型

　　TCP/IP 模型是一组用于实现网络互连的通信协议,是一系列协议的集合,也称 TCP/IP 协议簇。TCP(Transmission Control Protocol,传输控制协议)和 IP(Internet Protocol,互联网协议)是其中两个最重要的协议,还包括多种其他协议,如应用层协议、管理性协议和一些工具性协议。由于 TCP/IP 模型的开发先于 OSI 参考模型,所以其层次结构不能准确地与之相对应。近年来随着互联网的迅速发展和普及,作为其支撑协议的 TCP/IP 模型得到了广泛的应用和推广,已成为事实上的国际标准和公认的工业标准。

　　TCP/IP 模型分成四个层次,从低到高依次为网络接口层、网络层、传输层和应用层。图 2-4 给出了 TCP/IP 模型的层次结构,每一层的功能由一个或多个协议实现。

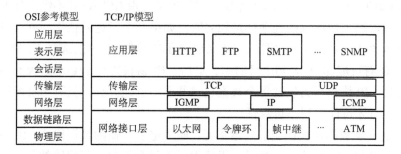

图 2-4　TCP/IP 模型

　　TCP/IP 协议簇的每一层都包含了一些相对独立的协议,实际使用中可以对不同层的协议进行配套使用。每一层的协议都被它的一个或多个下层协议所支持,同时又为上层协议提供服务。

(1) 网络接口层: 对应于 OSI 参考模型的物理层和数据链路层, 负责监视数据在主机和网络之间的传输。事实上, TCP/IP 模型本身并未定义网络接口层的协议, 而由参与互联的各网络使用自己的物理层和数据链路层协议, 然后与网络接口层进行连接。ARP (Address Resolution Protocol, 地址解析协议) 就工作在此层, 即 OSI 参考模型的数据链路层。

(2) 网络层: 对应于 OSI 参考模型的网络层, 主要解决主机到主机的通信问题。网络层有三个主要协议: IP、IGMP (Internet Group Management Protocol, 互联网组管理协议) 和 ICMP (Internet Control Message Protocol, 互联网控制报文协议)。IP 协议是网络层最重要的协议, 提供的是一种不可靠的、尽最大努力交付的服务。

(3) 传输层: 对应于 OSI 参考模型的传输层, 为应用层实体提供端到端的通信功能。传输层定义了两个主要协议: TCP 和 UDP (User Datagram Protocol, 用户数据报协议)。TCP 协议提供的是一种面向连接的、可靠的数据传输服务; UDP 协议提供的是不保证可靠的 (并不是不可靠)、无连接的数据传输服务。

(4) 应用层: 对应于 OSI 参考模型的会话层、表示层和应用层, 为用户提供所需要的各种服务。应用层包含了各种直接针对用户需求的协议, 每个应用层协议都是为了解决某一类应用问题而设计的。例如, HTTP (HyperText Transfer Protocol, 超文本传送协议) 用于实现网页传输; FTP (File Transfer Protocol, 文件传送协议) 用于实现文件传输; SMTP (Simple Mail Transfer Protocol, 简单邮件传送协议) 用于实现电子邮件的发送; SNMP (Simple Network Management Protocol, 简单网络管理协议) 用于实现网络管理。

2.2.1 IP 协议

IP 协议是 TCP/IP 模型中两个最主要的协议之一, 提供不可靠的、无连接的、尽最大努力交付的数据传输服务。IP 协议传输的基本单位为数据包 (Packet), 也称 IP 数据包。在此, "不可靠的" 含义是指不能保证数据包能成功地传送到目的站。如果数据包经过的某个中间路由器暂时用完了缓冲区, 则路由器就会丢弃该数据包。任何要求的可靠性必须通过上层 (如 TCP 协议) 来保证。"无连接的" 含义是指 IP 协议并不维护任何后续数据包的状态信息, 每个数据包的处理都是独立的。如果一个发送站依次向同一目的站发送两个数据包 A 和 B, 那么每个数据包都独立地进行路由选择, 可能选择不同的传送路径, 因此数据包 B 有可能比 A 先到达目的站。最后, IP 协议提供的是尽最大努力交付的服务, 也就是说, IP 协议尽力发送每个数据包, 并不随意地丢弃, 只有当资源用完或底层网络出现故障时才可能出现不可靠性。

IP 协议定义了数据传输所用的基本单元, 即规定了传输的数据格式; IP 协议规定了数据包的路由机制; IP 协议还包括了一组体现不可靠数据包交付思路的规则。这些规则指明了主机和路由器应该如何处理数据包、何时及如何发出错误信息以及在什么情况下可以丢弃数据包等。IP 协议分 IPv4 和 IPv6 两个版本, 目前常用的是 IPv4, 即 IP 协议的第 4 版。请注意, 若不特别说明, 本书后续都指 IPv4 版本。

1. IP 地址

IP 地址是 IP 协议提供的一种统一的地址格式，为互联网上的每一个网络和每一台主机分配一个逻辑地址，以此来屏蔽物理地址的差异。采用两级的地址结构，32 位(4 字节)长度的 IP 地址包括两个部分：网络号和主机号。网络号标识一个网络，主机号标识该网络上的主机。针对网络规模的不同，把 IP 地址划分为五个不同的类别，分别为 A、B、C、D 和 E 类，如图 2-5 所示。

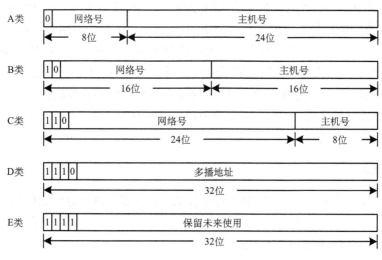

图 2-5　IP 地址分类

(1)A 类地址。A 类地址用于支持非常大型的网络。在 A 类地址中，前 8 位表示网络号，但最左边的 1 位必须为 0，剩下 24 位用来表示主机号。在整个 A 类地址中，共包括 126(2^7–2)个不同的网络，网络号 0 和 127 被保留用作特殊用途。

在 24 位主机号中，共有 2^{24} 个不同组合，能够产生 16777216 个可能的主机地址。在所有这些可能地址中，主机号全 0 和全 1 留作特殊用途，所以每个 A 类地址能够支持 16777214(2^{24}–2)个主机地址。主机号全 0 的地址代表该网络地址，主机号全 1 的地址代表该网络的广播地址。

(2)B 类地址。B 类地址用于支持大型和中型的网络。在 B 类地址中，前 16 位用来表示网络号，但最左边的 2 位必须为 10，后面的 14 位定义不同的网络，共有 2^{14}=16384(个)B 类网络，剩下的 16 位用来代表主机号，能够支持 65534(2^{16}–2)个主机地址。

(3)C 类地址。C 类地址用于支持小型的网络。在 C 类地址中，前 24 位用来表示网络号，但最左边的 3 位必须是 110，后面的 21 位定义不同的网络，共有 2^{21}=2097152(个)C 类网络，剩下的 8 位用来代表主机号，能够支持 254(2^8–2)个主机地址。

(4)D 类地址。D 类地址也称为多播地址，是专为 IP 网络中的多播而设置的。D 类地址没有网络号和主机号之分，整个地址都用作多播。最左边的 4 位 1110 定义这个类，剩下的 28 位定义不同的多播地址。需要注意，D 类地址只能用作目的地址，不能用作源地址。当向一组地址发送数据包时，不必将数据包发送给每一个地址，只需将数据包发送到一个特定的多播地址，所有加入该多播群组的设备(主机或路由器)均可以收到这个数据包。

(5) E 类地址。E 类地址也没有网络号和主机号之分，最左边的 4 位 1111 定义这个类。整个 E 类地址都保留未来使用。

在同一个物理网络上，或者更确切地说，应该是指一个物理网段(或子网)上，所有设备(主机或路由器)的 IP 地址对应的网络号相同，一台设备连接了多个网络，则分别有对应不同网络的 IP 地址。需要注意，IP 地址标识了一个设备的网络位置，而不是标识一个设备本身。因此，当一个主机从一个网络改接到另一个网络时，其 IP 地址必须改变。

每个 IP 地址标识的网络位置，实际也就是设备和网络之间的一个连接。与多个网络有连接的设备必须为每个连接分配一个 IP 地址。一个路由器必须连接两个以上的网络，否则它就不能转发数据包。因此，一个路由器肯定拥有两个以上的 IP 地址，每一个地址对应路由器上的一个接口。

2. 私有地址

在 A 类、B 类和 C 类 IP 地址中都有部分地址被保留，没有分配给任何互联网用户。互联网工程任务组(IETF)的 RFC 1918 为私有网络预留了以下三个 IP 地址块。

A 类：10.0.0.0～10.255.255.255。

B 类：172.16.0.0～172.31.255.255。

C 类：192.168.0.0～192.168.255.255。

上述三个范围内的地址不会在互联网上被分配，因此可以在公司或企业内部自由使用。

3. 子网划分

为了更有效地利用 IP 地址空间，采用子网划分的方法，可以将一个大的网络地址分成多个更小的子网地址，使得每一个子网地址对应一个物理网络(网段)。在 1985 年，子网在 IETF 的 RFC 950 文档中被正式定义。

子网划分使 IP 地址从两级结构变成了三级结构，如图 2-6 所示。

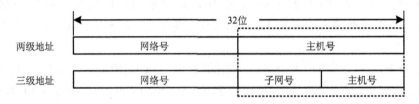

图 2-6　具有子网划分的三级结构

根据图 2-6 中的三级结构，由子网号所占的位数决定子网的数量。对于一个 B 类地址，在 16 位的主机号中，如果划分出 8 位作为子网号，那么可以生成 2^8(256)个子网地址。剩下的 8 位作为子网中的主机号，在每个子网中可以包含 254(2^8-2)个主机地址。

4. 子网掩码

根据前面的 IP 地址分类可以看出，给定一个具体的 IP 地址，就可以知道该 IP 地址的网络号和主机号。但对于有子网划分的情况，现在如何确定一个 IP 地址的网络号(包括子网号)和主机号呢？一般地，确定 IP 地址中网络号(包括子网号)和主机号的方法就是采用子网掩码。

如图 2-7 所示，子网掩码是一个 32 位的二进制数，子网掩码中的二进制位分别与 IP 地址中的二进制位一一对应。如果 IP 地址中的某一位对应的子网掩码位为 1，那么该位就属于地址的网络号或子网号；相反，如果 IP 地址中的某一位对应的子网掩码位为 0，那么该位就属于地址的主机号。由此可见，子网掩码实际上代替了传统的地址类别来决定一个位是否属于地址的网络(子网)号或主机号。通过 IP 地址和子网掩码的结合，管理员可以更加灵活地配置网络地址。

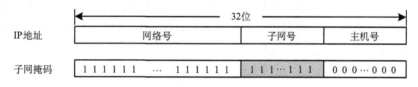

图 2-7 IP 地址与子网掩码的关系

这样，给定一个 IP 地址和对应的子网掩码，通过把它们转换为二进制表示，再对二进制数进行按位的与操作，就很容易得到该 IP 地址所对应的网络(子网)号。

在划分子网时，可以采用定长子网掩码和变长子网掩码两种方法。定长子网掩码是指划分出的各个子网的子网掩码都是相同的。在此，定长的含义是指子网掩码中 1 的个数是相同的，即子网掩码中连续 1 的长度是一定的。变长子网掩码允许以每个物理网络(网段)为基础来选择子网号，一旦选定了某种子网划分方法，则该网络上的所有设备都必须遵守它。其优点在于：一个组织机构能够混用大型和小型网络，能够更高效地利用 IP 地址空间。

5. IP 数据包

图 2-8 给出了 IP 数据包的格式，由 IP 首部和数据两部分组成。数据包首部中包含选项字段，所以是可变长度的，基本首部的长度为 20 字节，包含选项的最大长度为 60 字节。下面简单介绍各个字段的含义。

(1)版本：占 4 位，定义 IP 协议的版本。目前广泛使用的 IP 协议的版本号是 4，即 IPv4，IPv6 的版本号是 6。IP 处理软件根据此版本号来解释数据包的格式。

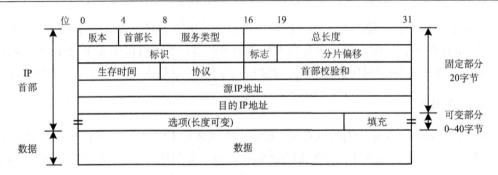

图 2-8　IP 数据包格式

(2) 首部长：占 4 位，定义数据包首部的长度，以 4 字节为单位进行计数。当没有选项时，首部长度是 20 字节，对应值为 5。当有选项时，该字段最大值为 15，对应 60 字节的首部长。

(3) 服务类型：占 8 位，最初设计用于为数据包提供不同的服务质量。

(4) 总长度：占 16 位，定义以字节为单位的数据包的总长度，包括 IP 首部和数据。数据包的总长度最大为 65535（$2^{16}-1$）字节。

(5) 标识：占 16 位，标志从源站发出的数据包。当数据包被分片时，标识被复制到所有的分片中，也就是说，所有的分片与原始数据包的标识相同。在目的站，所有具有相同标识的分片必须组装成一个数据包。

(6) 标志：占 3 位。第 1 位保留未用。第 2 位表示是否分片，该位为 0，可以分片；该位为 1，不能分片，若这个数据包不能通过任何可用的物理网络进行转发，则丢弃该数据包，并向源站发送 ICMP 差错报文。第 3 位表示是否还有分片，该位为 0，表示这是最后的分片；该位为 1，表示本分片不是最后的分片。

(7) 分片偏移：占 13 位，定义了该分片在原始数据包中的偏移量，因为只用 13 位表示最大为 65535 的字节数，所以以 8 字节为单位计数，即要求分片的第一个字节能被 8 整除。请注意，当分片再次被分片后，再次分片后的分片偏移量还是相对于原始数据包。

(8) 生存时间：占 8 位，定义了该数据包在网络中允许存在的时间。数据包每经过一个路由器，其值减 1，当值为 0 时，路由器丢弃该数据包。通过生存时间避免了循环路由。

(9) 协议：占 8 位，定义数据包封装的高层协议，如 6（TCP 协议）、17（UDP 协议）、1（ICMP 协议）和 51（AH 协议）等。

(10) 首部校验和：占 16 位。其计算过程为：首先，该值置为 0；然后，把整个数据包首部按 16 位为单位分段，把各段按位相加（不带进位）；最后，把相加的结果取反码，填入该字段中。

(11) 源 IP 地址：占 32 位，定义数据包的源 IP 地址。

(12) 目的 IP 地址：占 32 位，定义数据包的目的 IP 地址。

(13) 选项：最大长度为 40 字节，可用于记录路由、源路由或时间戳。

(14)填充：用全 0 的填充字段把 IP 首部补齐成 4 字节的整数倍。

(15)数据：IP 数据包的数据部分。

2.2.2　TCP 协议

TCP 协议是 TCP/IP 模型中的两个主要协议之一，实现了在不可靠的 IP 层上提供数据可靠传输的传输层协议。其主要特点：①TCP 是面向连接的，在使用 TCP 协议时，包括建立连接、传送数据和释放连接三个阶段；②TCP 连接是点对点的，每一条连接只有两个端点；③TCP 提供可靠传输，保证传输的数据无差错、不丢失、不重复、按序到达；④TCP 提供全双工通信；⑤TCP 面向字节流。

1. 端口地址

IP 协议负责主机到主机之间的通信。作为网络层协议，IP 只能将数据包交付到目的主机。但是，这是一种不完整的交付，必须要将数据包送到正确的进程。一台主机可以同时提供多种服务，如 FTP 服务、Web 服务、Telnet 服务等。那么，如何区分同一台主机上的不同服务呢？通过端口地址，也称端口号，来区别同一主机上所提供的不同服务，例如，端口号 21 表示 FTP 服务，端口号 80 表示 Web 服务，端口号 23 表示 Telnet 服务。

TCP 与 UDP 报文段结构中端口号都是 16 位的。互联网编号分配机构(Internet Assigned Numbers Authority，IANA)将端口号划分为三个范围：熟知端口、注册端口和动态端口。

(1)熟知端口：0～1023 之间的端口，由 IANA 指派和控制。

(2)注册端口：1024～49151 之间的端口，IANA 不指派也不控制，需要在 IANA 注册以防止重复。

(3)动态端口：49152～65535 之间的端口，不用指派和注册，可以由任何进程使用。

2. TCP 连接

TCP 是面向连接的，每一条 TCP 连接都有两个端点，TCP 连接的端点称为套接字(Socket)。套接字由一个 IP 地址和一个端口地址组成，中间用冒号分隔，即标记为(IP:Port)。例如，IP 地址为 192.168.100.88，端口地址为 80 的套接字为(192.168.100.88:80)。

每一条 TCP 连接由通信的两个端点(套接字)唯一确定，可标记为

$$TCP 连接 = \{socket_A, socket_B\} = \{(IP_A: Port_A), (IP_B: Port_B)\}$$

式中，$socket_A$ 和 $socket_B$ 是通信两端主机 A 和 B 的套接字；IP_A 和 IP_B 是 IP 地址；$Port_A$ 和 $Port_B$ 是端口地址。

请注意，一个套接字可能同时用于多个连接。

3. TCP 报文段

TCP 协议传输的基本单位是 TCP 报文段，由 TCP 首部和数据两部分组成。每个报

文段的起始是首部，其中前 20 字节是固定部分，后面有 4*N*(*N* 是整数)字节是根据需要而增加的选项。TCP 报文段的格式如图 2-9 所示。

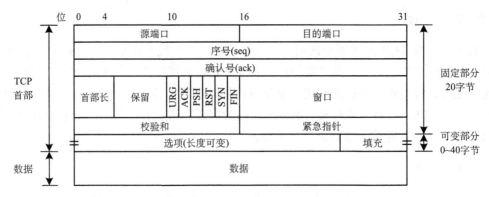

图 2-9　TCP 报文段格式

首部固定部分各字段的含义如下。

(1)源端口和目的端口：各占 16 位，分别标识发送和接收这个报文段的应用程序。

(2)序号(seq)：占 32 位，是指本报文段所发送数据的第一个字节的序号。TCP 是面向字节流的，在一个 TCP 连接中，整个字节流的起始序号在连接建立时设置，字节流中的每一个字节按顺序编号。例如，一个报文段的序号字段值是 3001，传送的数据有 200 字节，则此报文段中数据的第一个字节的序号是 3001，最后一个字节的序号是 3200。

(3)确认号(ack)：占 32 位，是期望收到对方下一个报文段数据的第一个字节的序号。例如，已正确收到了一个报文段，其序号字段值为 3001，数据共有 200 字节，则表明已收到了序号为 3001～3200 的数据，期望收到的下一个报文段数据的第一个字节的序号应是 3201，因此，确认号为 3201。

(4)首部长：占 4 位，定义 TCP 首部的长度，以 4 字节为单位进行计数。当没有选项时，首部长是 20 字节，对应值为 5。当有选项时，该字段最大值为 15，对应 60 字节的首部长。

(5)保留：占 6 位，保留为将来使用。

(6)控制：占 6 位，定义 6 种不同的控制位或标志。这些位用于 TCP 的流量控制、连接建立和终止以及数据传送的方式等。这些位中的一个或多个可同时设置。6 个标志的说明如下。

①URG(URGent)：表示紧急，当 URG=1 时，表示紧急指针字段有效；当 URG=0 时，紧急指针字段无效。URG=1 时，告诉系统本报文段中有紧急数据，应尽快发送。

②ACK(ACKnowledgement)：表示确认，当 ACK=1 时，表示确认号字段有效；当 ACK=0 时，确认号字段无效。

③PSH(PuSH)：表示推送，当 PSH=1 时，应立即将本报文段交付接收应用进程，当 PSH=0 时，则等到整个缓存满后才向上交付。

④RST(ReSeT)：表示复位，当 RST=1 时，表示 TCP 连接中出现了严重差错，必须

释放连接；当 RST=0 时，不做处理。

⑤SYN（SYNchronization）：表示同步，用来在建立连接时同步序号。当 SYN=1 而 ACK=0 时，表示这是一个连接请求报文段，若对方同意建立连接，则响应的报文段中 SYN=1 且 ACK=1。因此，SYN=1，表明这是一个连接请求或连接接收的报文，其他情况下 SYN=0。

⑥FIN（FINal）：表示终止，用于释放一个连接。当 FIN=1 时，表示发送此报文段的一方数据已发送完毕，要求释放连接；当 FIN=0 时，不做处理。

（7）窗口：占 16 位，表明发送本报文段一方的接收窗口大小。窗口字段告诉对方，从本报文段首部中的确认号开始，还允许对方发送的字节数。通过窗口字段控制对方发送的数据量。

（8）校验和：占 16 位，校验和计算时包括整个 TCP 报文段和一个 12 字节的 TCP 伪首部。其计算过程为：首先，该值置为 0；然后，把 TCP 伪首部和整个报文段按 16 位为单位分段（不足部分补 0），把各段按位相加（不带进位）；最后，把相加的结果取反码，填入该字段中。

（9）紧急指针：占 16 位，只有当紧急标志 URG=1 时，这个字段才有效，表示这个报文段中包括紧急数据。紧急指针是一个相对于当前序号的字节偏移量。

（10）选项：长度可变，在 TCP 首部中最多有 40 字节的可选信息。最重要的选项是 MSS（Maximum Segment Size，最大报文段长度），表示本端所能接收的 TCP 最大报文段长度。最后的填充字段是为了使整个 TCP 报文段首部长度是 4 字节的整数倍。

4. TCP 连接管理

TCP 是面向连接的传输层协议，用来传送 TCP 报文。在每一次面向连接的通信中，连接建立和释放是必不可少的两个过程。TCP 连接建立和释放采用客户-服务器模式，主动发起连接建立的应用进程称为客户，而另一方被动等待连接建立的应用进程称为服务器。

1）TCP 连接建立

TCP 采用全双工方式传送数据。在发送数据之前，通信两端首先需要协商了解对方的信息，包括对方报文发送的初始序号、发送数据的缓冲区大小、能被接收的最大报文段长度等，这个过程通过 TCP 连接建立过程来完成。

在 TCP 协议中，通信两端通过三次 TCP 报文段的传送实现信息的交换，这就是三次握手（Three-way Handshake）建立连接。TCP 三次握手建立连接的过程如图 2-10 所示。

三次握手的过程如下。

（1）当建立 TCP 连接时，主机 A 的 TCP 客户进程向主机 B 发出连接请求报文段，该报文段的首部 SYN=1，初始序号 seq=x。该初始序号用来对从主机 A 发送到主机 B 的数据字节进行编号。请注意，连接请求报文段不能携带数据，但要占用一个字节序号。

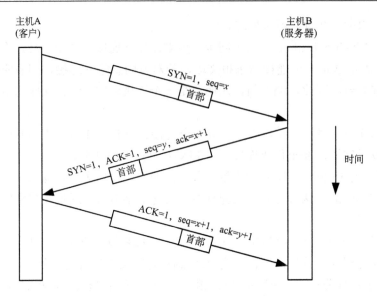

图 2-10　TCP 三次握手建立连接

(2)主机 B 收到连接请求报文段后，若同意建立连接，则向主机 A 发送确认报文段。该确认报文段的首部 SYN=1，ACK=1，确认号 ack=x+1，初始序号 seq=y。确认号是连接请求报文段的初始序号加 1(ack=x+1)以对连接请求报文段进行确认。初始序号 seq=y 用来对从主机 B 发送到主机 A 的数据字节进行编号。请注意，本确认报文段也不能携带数据，但也占用一个字节序号。

(3)主机 A 收到主机 B 发送的确认报文段之后，向主机 B 发送确认报文段。确认报文段的首部 ACK=1，seq=x+1，确认号 ack=y+1。该确认号的含义是对上一步确认报文段的确认。请注意，本确认报文段可以携带数据，若不携带数据，则不占用序号。

通过上述三个报文段的传送过程，即完成了 TCP 连接建立的三次握手过程。在此过程中，服务器(主机 B)收到连接请求报文段后，需要维护一个半连接队列，该队列为每个客户的连接请求报文段设置一个条目，表明服务器已收到连接请求报文段，并向客户发出确认，并等待客户的确认。若等待一段时间仍未收到客户确认，进行第二次重传，如果重传次数超过系统规定的最大重传次数，系统将该连接信息从半连接队列中删除。

2)连接释放

在数据传输结束后，通信的两端都可以发出释放连接的请求。一个 TCP 连接是全双工的，因此每个方向必须单独地进行关闭。这就是当一端没有数据发送后就发出一个终止标志 FIN 来终止这个方向的连接。当一个 FIN 报文段被确认后，这个方向的连接就关闭。也就是说收到一个 FIN 报文段只意味着在这一方向上没有数据接收了，但它仍然可以继续向对方发送数据。只有当两个方向的连接都关闭后，该 TCP 连接才被完全释放。所以要释放一个连接需要 4 个 TCP 报文段的交互，称为四次握手，如图 2-11 所示。

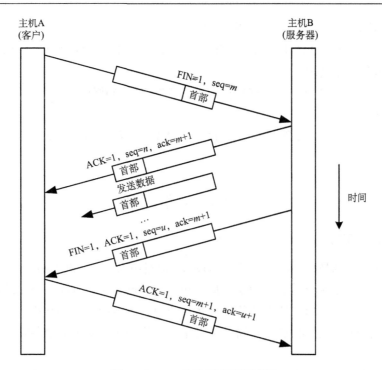

图 2-11　TCP 四次握手释放连接

TCP 连接释放的过程如下。

(1)数据传输结束后，主机 A 发出连接释放报文段。该报文段的首部 FIN=1，序号 seq=m，执行主动关闭，不再发送数据。请注意，连接释放报文段即使不携带数据，也要占用一个序号。

(2)主机 B 收到连接释放报文段后发出确认报文段。该确认报文段的首部 ACK=1，确认号 ack=m+1，序号 seq=n。此时，TCP 连接处于半关闭状态，即从主机 A 到主机 B 方向的连接已关闭，但从主机 B 到主机 A 的连接并未关闭，若主机 B 要发送数据，主机 A 仍要接收。

(3)当主机 B 已没有数据发送时，发出连接释放报文段。该报文段的首部 FIN=1，ACK=1，确认号 ack=m+1，序号 seq=u。请注意，主机 B 还要重复上次已发送的确认号 ack=m+1。

(4)主机 A 收到主机 B 的连接释放报文段后发出确认报文段。该确认报文段的首部 ACK=1，序号 seq=m+1，确认号 ack=u+1。至此，主机 B 到主机 A 的连接也已关闭。整个 TCP 连接已经全部释放。

请注意，主机 A 和 B(一个 TCP 连接的两端)也可能会同时发送连接释放报文段，都执行主动关闭。TCP 协议允许这样的同时关闭，这两个连接释放报文段按常规的方法被确认，然后释放连接。这和两端按顺序先后释放连接没有本质区别。

3)连接复位

TCP 可以请求把一个连接复位。当 TCP 需要复位连接时则使用复位报文段(首部

RST=1)。在以下三种情况下可以发生复位。

(1)若某一端的 TCP 请求连接到并不存在的端口，另一端的 TCP 就可以发送一个复位报文段来取消这个请求。

(2)若出现了异常情况，某一端的 TCP 愿意把连接异常终止，就可以发送一个复位报文段来关闭这个连接。

(3)若某一端的 TCP 发现另一端的 TCP 已经空闲了很长时间，就可以发送复位报文段来撤销这个连接。

2.3 网络互联基础

2.3.1 网络拓扑结构

网络拓扑结构就是抛开网络中的具体设备，把路由器、交换机等网络单元抽象为点，把网络中的电缆等传输介质抽象为线，从拓扑学的观点看计算机和网络系统，就形成了由点和线组成的几何图形，从而抽象出网络系统的具体结构。拓扑结构可以分为物理拓扑结构——描述网络硬件的实际布局、逻辑拓扑结构——描述网络中各结点间的信息流动方式。

常见网络拓扑结构的基本类型如图 2-12 所示。然而，大多数网络都更为复杂，往往是不同拓扑结构的组合。

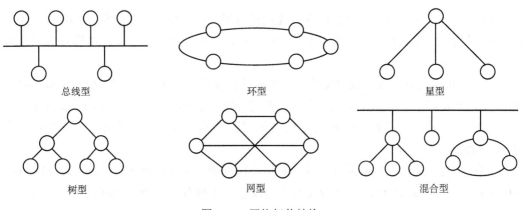

总线型　　　　　　　　环型　　　　　　　　星型

树型　　　　　　　　网型　　　　　　　　混合型

图 2-12　网络拓扑结构

1. 总线型

总线型拓扑结构是指各结点(主机、服务器)均挂在一条总线上，无中心控制结点，各结点地位平等，共用总线信道进行信息传递，其传递方向总是从发送信息的结点开始向两端扩散。各结点在接收信息时进行地址检查，若地址相符则接收信息。

优点：连接少，易布线，费用低，易扩展，某个结点的故障一般不会影响整个网络。

缺点：总线成为整个网络的瓶颈，介质故障会导致网络瘫痪，故障诊断较困难。最著名的总线型拓扑结构是以太网(Ethernet)。

2. 环型

环型拓扑结构由网络中若干结点通过点到点的链路首尾相连形成一个闭合的环,这种结构使公共传输电缆组成环型连接,数据在环路中沿着一个方向从一个结点传送到另一个结点。

优点:结构简单,容易实现。

缺点:环路是封闭的,不易扩展;可靠性低,一个结点故障将会造成全网瘫痪;维护难,对分支结点故障定位困难。最著名的环型拓扑结构是令牌环网(Token Ring)。

3. 星型

星型拓扑结构是指各结点以星型方式连接成网。网络有中心结点,其他结点(主机、服务器)都与中心结点直接相连。

优点:传输性能好,易管理维护,故障易隔离,易扩展。

缺点:费用高;中心结点是全网可靠的瓶颈,中心结点故障会导致网络瘫痪。

4. 树型

树型拓扑结构是一种层次结构,结点按层次连接,信息交换主要在上下结点之间进行,相邻结点或同层结点之间一般不进行数据交换。

优点:易扩展,故障易隔离。

缺点:任何一个结点或链路故障都会影响整个网络的运行。

5. 网型

网型拓扑结构中,任意两个结点之间均由点到点的链路连接,所需费用高,只有每个结点都要频繁发送信息时才使用这种结构。

优点:可靠性高,容错能力强。

缺点:安装费用高,不易维护和管理。

6. 混合型

混合型拓扑结构是由总线型、星型和环型等结构结合在一起的网络拓扑结构,更能满足较大网络的拓展,解决了星型网络传输距离短的问题和总线型网络连接用户数量有限的问题。

优点:克服单一拓扑结构的缺点,结合不同拓扑结构的优点,应用广泛。

缺点:拓扑结构比较复杂。

2.3.2　网络路由

网络层的数据包从源站传送到最终的目的站,需要经过一个具体的交付过程,即数据包的转发过程。路由选择就是要解决数据包的转发问题，即为网络层的数据包寻找路由，找出数据包的下一跳地址。路由器基于路由表实现数据包的转发，路由表可分为基于手工设置的静态路由表和基于路由协议生成的动态路由表。

1. 路由表

路由表结构如表 2-1 所示，一般包括目的网络地址、子网掩码、下一跳地址和接口等字段。路由表中的每一行称为一个路由表项，对应一条到目的网络的路由。路由表项是按层次结构进行组织的，主要包括直接交付路由表项、特定主机路由表项、特定网络路由表项和默认路由表项。

表 2-1　路由表结构

目的网络地址	子网掩码	下一跳地址	接口
169.11.0.0	255.255.0.0	196.5.18.0	f0
⋮	⋮	⋮	⋮

表 2-1 中各个字段的含义如下。

(1)目的网络地址：定义目的主机地址(特定主机地址)或目的网络地址(特定网络地址)。特定主机地址给出了完整的目的地址，特定网络地址只给出了目的主机所连接的网络地址或子网地址。

(2)子网掩码：目的网络对应的子网掩码。

(3)下一跳地址：数据包应交付的下一跳路由器地址。

(4)接口：本条路由对应接口的名字。

2. 路由选择

根据路由表，主机或路由器实现数据包的转发，数据包路由选择过程如下。

(1)从需转发的数据包首部提取目的 IP 地址 D。

(2)判断直接交付路由表项。对于每一条路由表项：若子网掩码和 D 逐位相与的结果与本路由表项中的目的网络地址相等，则直接交付，转发数据包；否则就是间接交付，执行(3)。

(3)判断特定主机路由表项。若路由表中有目的地址为 D 的特定主机地址，则转发数据包到本路由表项所指明的下一跳地址；否则，执行(4)。

(4)判断特定网络路由表项。对每一条路由表项：若子网掩码和 D 逐位相与的结果与本路由表项中的目的网络地址相等，则转发数据包到本路由表项指明的下一跳地址；否则，执行(5)。

(5)判断默认路由表项。若路由表中有一个默认路由表项，则转发数据包到本路由表项指明的下一跳地址；否则，执行(6)。

(6)报告转发数据包出错。

请注意，路由器转发数据包时，从某一条路由表项中得到下一跳地址后，并不是将下一跳地址填入该数据包首部，而是把它送交给下层的网络接口软件。网络接口软件负责将下一跳地址映射到硬件地址（使用 ARP 协议），通过数据链路层的帧把该数据包发送到下一跳路由器。

下面给出根据路由表计算数据包下一跳地址的例子。某网络的路由配置如图 2-13 所示。试根据以下接收数据包的情况，计算数据包的下一跳地址。

（1）路由器 R1 接收到了一个目的地址为 192.168.40.10 的数据包。

（2）路由器 R1 接收到了一个目的地址为 192.168.10.200 的数据包。

（3）路由器 R1 接收到了一个目的地址为 194.188.100.100 的数据包。

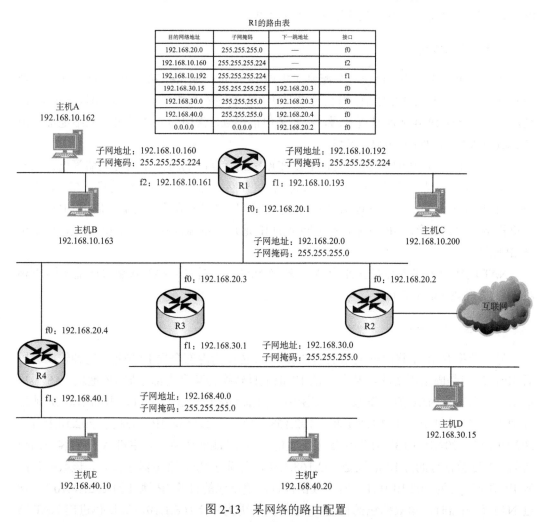

图 2-13　某网络的路由配置

解答：

（1）因为目的地址为 192.168.40.10，基于路由器 R1 的路由表，逐行将子网掩码和目的 IP 地址逐位相与（记为 AND 操作），直到找到与路由表中某一行匹配的目的网络地址为止。因为 192.168.40.10 AND 255.255.255.0=192.168.40.0，与 192.168.40.0 匹配。所以，路由器 R1 通过 f0 接口把数据包发送到下一跳地址 192.168.20.4。

(2) 因为目的地址为 192.168.10.200，基于路由器 R1 的路由表，逐行将子网掩码和目的 IP 地址逐位相与(记为 AND 操作)，直到找到与路由表中某一行匹配的目的地址为止。因为 192.168.10.200 AND 255.255.255.224=192.168.10.192，与 192.168.10.192 匹配，所以，路由器 R1 通过 f1 接口把数据包发送到目的地址 192.168.10.200。

(3) 因为目的地址为 194.188.100.100，基于路由器 R1 的路由表，逐行将子网掩码和目的 IP 地址逐位相与(记为 AND 操作)，直到找到与路由表中某一行匹配的目的地址为止。因为 194.188.100.100 AND 0.0.0.0=0.0.0.0，与 0.0.0.0 匹配，所以，路由器 R1 通过 f0 接口把数据包发送到下一跳地址 192.168.20.2。

2.3.3 网络地址转换

如果局域网的一些主机已经分配到了本地 IP 地址，通常是私有 IP 地址，现在又希望和互联网上的主机进行通信，那么可采取什么方法呢？最简单的方法是申请全球 IP 地址，但由于全球 IPv4 地址已近枯竭，不容易申请得到。常用的方法是采用网络地址转换(Network Address Translation，NAT)。

NAT 方法是在 1994 年提出的，需要在连接到互联网的路由器或防火墙等设备上安装 NAT 软件，实现内部网络(内网)和外部网络(外网)之间的网络地址转换。在此，内部网络的 IP 地址分为：内部本地 IP 地址，通常分配私有 IP 地址；内部全局 IP 地址，组织机构申请得到的全球 IP 地址。外部网络的 IP 地址，也称为外部全局 IP 地址，也是全球 IP 地址。

NAT 的实现方式主要有三种，即静态转换 NAT、动态转换 NAT 和端口地址转换(Port Address Translation, PAT)。

1. 静态转换 NAT

静态转换 NAT 是将内部网络的本地 IP 地址转换为内部全局 IP 地址，这种转换设置后 IP 地址对是固定不变的，某个本地 IP 地址只转换为某个内部全局 IP 地址。图 2-14 给出了静态转换 NAT 的工作原理。在图中，内部网络包含 3 台主机，内部本地 IP 地址分别为 192.168.1.10、192.168.1.20、192.168.1.30，内部全局 IP 地址为 202.10.10.1、202.10.10.2、202.10.10.3，在路由器上配置静态 NAT 地址转换表。主机 A 作为客户向外访问，发出数据包的源 IP 地址是 192.168.1.10，当通过 NAT 路由器转发时，该数据包的源 IP 地址变更为 202.10.10.1，返回数据包时，数据包的目的 IP 地址为 202.10.10.1，通过 NAT 路由器时，该数据包的目的 IP 地址又变更为 192.168.1.10。数据包进出 NAT 路由器时，通过静态的 NAT 地址转换表实现 IP 地址的变更。

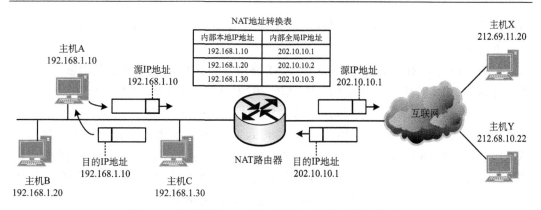

图 2-14　静态转换 NAT 的工作原理（作为客户向外访问）

　　借助于静态转换 NAT，可以实现外部网络对内部网络中某些特定服务器的访问，如内部网络提供的 Web 服务器，E-mail 服务器等地址可采用静态转换，如图 2-15 所示。在图中，内部网络包含 3 台服务器，主机 A（Web 服务器）地址为 192.168.1.10:8080，主机 B（FTP 服务器）地址为 192.168.1.20:21，主机 C（E-mail 服务器）地址为 192.168.1.30:25，内部全局 IP 地址为 202.10.10.1，202.10.10.2，202.10.10.3，在路由器上配置静态 NAT 地址转换表。主机 A 作为 Web 服务器提供服务，外部主机 X 发出数据包的目的 IP 地址和端口地址为 202.10.10.1:8080，当通过 NAT 路由器转发时，该数据包的目的 IP 地址和端口地址变为 192.168.1.10:8080，返回数据包时，数据包的源 IP 地址和端口地址为 192.168.1.10:8080，通过 NAT 路由器时，该数据包的源 IP 地址和端口地址又变更为 202.10.10.1:8080。数据包进出 NAT 路由器时，通过静态的 NAT 地址转换表实现 IP 地址的变更。采用这种静态转换 NAT 技术，隐藏了内部网络的结构，屏蔽了内部服务器的 IP 地址，提高了内部网络的安全性。

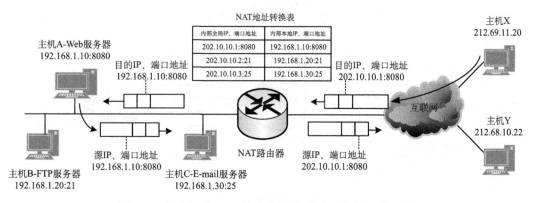

图 2-15　静态转换 NAT 的工作原理（作为服务器提供服务）

2. 动态转换 NAT

动态转换 NAT 将内部网络的本地 IP 地址转换为内部全局 IP 地址时，这种转换的 IP

地址对是不固定的，所有访问互联网的本地 IP 地址可随机从内部全局 IP 地址池中选择一个进行转换。

在图 2-14 中，对于动态转换 NAT，NAT 路由器的 NAT 地址转换表是动态生成的，即动态 NAT 地址转换表。内部全局 IP 地址 202.10.10.1、202.10.10.2、202.10.10.3 构成一个地址池。例如，主机 B 发出数据包的源 IP 地址是 192.168.1.20，通过 NAT 路由器时，随机从地址池中分配一个地址 202.10.10.1，得到 192.168.1.20 和 202.10.10.1 的地址对，填写到动态 NAT 地址转换表中，若一段时间内没有数据包进出，则该地址对被删除，释放内部全局 IP 地址。与静态转换 NAT 相比，动态转换 NAT 能使更多内部网络的主机访问外部网络，但同时访问外部网络的内部主机数量是相同的。

3. 端口地址转换

端口地址转换(PAT)是指改变外出 IP 数据包的本地源端口并进行端口地址转换。采用 PAT 方式，内部网络的所有主机均可共享一个内部全局 IP 地址实现对互联网的访问，从而可以最大限度地节省 IP 地址资源。目前网络中应用最多的就是 PAT 方式。

图 2-16 给出了 PAT 的工作原理。在图中，内部网络包含 3 台主机，内部本地 IP 地址分别为 192.168.1.10、192.168.1.20、192.168.1.30，内部全局 IP 地址为 202.10.10.1，在路由器上配置 PAT 地址转换表。主机 A 发出数据包的源 IP、端口地址是 192.168.1.10:51122，当通过 NAT 路由器转发时，该数据包的源 IP、端口地址变更为 202.10.10.1:51234，返回数据包时，数据包的目的 IP、端口地址为 202.10.10.1:51234，通过 NAT 路由器时，该数据包的目的 IP、端口地址又变更为 192.168.1.10:51122。数据包进出 NAT 路由器时，通过 PAT 地址转换表实现 IP、端口地址的变更。通过区分 16 位的端口地址能使 65000 多个内部网络主机使用同一个内部全局 IP 地址访问互联网。

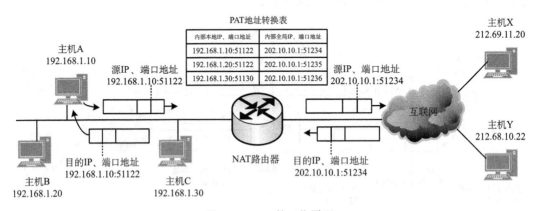

图 2-16 PAT 的工作原理

上述传统的 NAT 技术只对网络层和传输层首部进行转换处理，但是有些应用(如标准的 FTP 协议、IP Phone 协议 H.323)是将 IP 地址插入正文的内容中，为了使得这些应用也能透明地完成 NAT，需要使用一种称为 ALG(Application Level Gateway)的技术，对这些应用在通信时所包含的地址信息也进行相应的 NAT。

　　网络地址转换不仅能解决 IP 地址资源不足的问题,而且还能够有效地避免来自外部网络的攻击。内部网络的主机连接到互联网时,所显示的主机 IP 地址是内部全局 IP 地址,所以没有暴露该主机的实际 IP 地址,外部网络的恶意用户在进行端口扫描时,就侦测不到该主机,当然就具有一定程度的安全性。

　　请注意,一种比较好的 IP 地址使用方案是,内部网络不管是否与互联网相连接,内部本地 IP 地址最好都使用私有 IP 地址。若内部网络要与互联网相连接,只需要在网络的出口处做 NAT 设置,将本地 IP 地址转换为分配到的内部全局 IP 地址。这样一方面可以解决 IP 地址资源不足的问题,另一方面有利于提高内部网络的安全性。

2.4　网络安全设备

2.4.1　防火墙

　　防火墙是一种安全网关产品,部署于内部网络和外部网络之间,或者内部网络的不同安全区域之间,根据管理员预先定义的安全策略,解析和过滤经过防火墙的数据流,实现可控地访问被保护的内部网络或安全区域,一般具备网络层访问控制和过滤功能、应用层协议分析与控制及应用层内容检测等功能。防火墙通常运行在路由模式或透明模式。

　　防火墙可以是一台专用设备,也可以是若干部件和技术的组合。作为设置在网络环境之间的一类安全网关,要求所有通信流量都要流经防火墙,且仅允许授权的流量通过。图 2-17 是防火墙的一个典型运行环境,将网络分为内部网络、外部网络和非军事区(DeMilitarized Zone,DMZ)三个区域。内部网络是一个可信区域;外部网络是一个不可信区域;DMZ 是介于内外网络之间的一个小型网络,作为一个安全缓冲区,DMZ 中的服务器可以向外部网络和内部网络用户提供应用服务。

图 2-17　防火墙典型运行环境

1. 防火墙的技术原理

防火墙位于内外网络或安全区域的边界，是对局部网络保护的第一道安全屏障。防火墙按实现技术主要分为静态包过滤防火墙、状态检测(动态包过滤)防火墙、应用代理防火墙和电路级代理防火墙等。

1) 静态包过滤防火墙

静态包过滤作为最早发展起来的一种技术，应用非常广泛。一般的路由器中都有防火墙模块实现对数据包的过滤功能，静态包过滤防火墙工作在 TCP/IP 模型的网络层，采用一组包过滤规则对每个数据包进行检查，根据检查结果决定允许还是禁止该数据包通过，如图 2-18 所示。静态包过滤防火墙具备网络层访问控制和过滤功能。

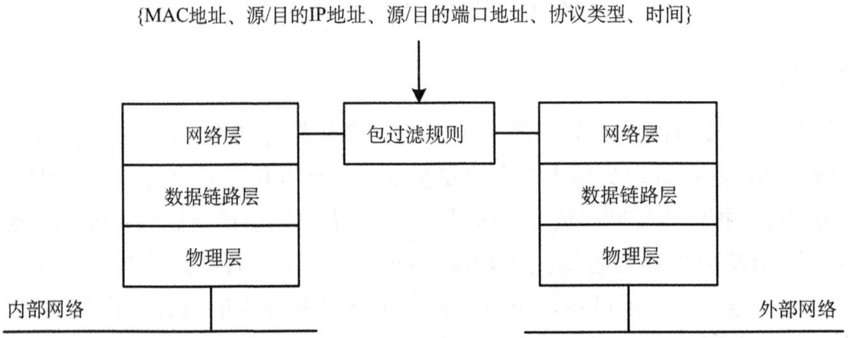

{MAC地址、源/目的IP地址、源/目的端口地址、协议类型、时间}

网络层	包过滤规则	网络层
数据链路层		数据链路层
物理层		物理层

内部网络　　　　　　　　　　　　　　　　　　　　　　　外部网络

图 2-18　静态包过滤防火墙的工作原理

路由器转发数据包时，首先从数据链路层获取帧，帧的结构如图 2-19 所示，其中，帧首部包含源/目的 MAC 地址；IP 首部包含源/目的 IP 地址和协议类型；TCP 首部包含源/目的端口地址；数据就是指传输的应用层数据；帧尾部用于帧的完整性校验。

帧首部	IP首部	TCP首部	数据	帧尾部

图 2-19　数据链路层帧结构

包过滤规则包括：①默认规则是允许还是禁止。若默认规则是允许，则需要设置所有禁止规则；若默认规则是禁止，则需要设置所有允许规则。静态包过滤防火墙安全规则应使用最小安全原则，即除非明确允许，否则就禁止。②包过滤规则包含基于 MAC 地址、IP 地址、端口地址、协议类型和时间的访问控制，也可以自定义其中的部分或全部组合设计安全规则。静态包过滤防火墙的工作流程如图 2-20 所示。

下面举例路由器防火墙模块中常用的基于源/目的 IP 地址、源/目的端口地址和协议类型的访问控制规则。

(1)标准访问控制规则。

标准访问控制规则的格式如下：

序号 {允许(permit)| 禁止(deny)} 源 IP 地址 源掩码

此访问控制规则表示：允许或禁止来自指定网络的数据包，该网络由源 IP 地址和源掩码指定。源掩码的用法类似于子网掩码，使用时把掩码按位取反即可。

例 2-1　4 deny 198.69.11.0 0.0.255.255。

该规则序号为 4，禁止来自 198.69.0.0 网络上主机的访问。

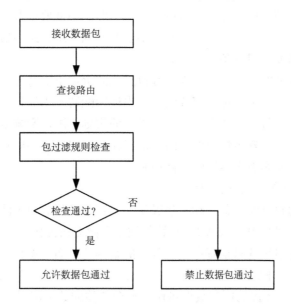

图 2-20　静态包过滤防火墙的工作流程

例 2-2　5 permit 198.69.11.20 0.0.0.255。

该规则序号为 5，允许来自 198.69.11.0 网络上主机的访问。

例 2-1 与例 2-2 两条规则结合则表示禁止一个大网段(198.69.0.0)上的主机但允许其中一个小网段(198.69.11.0)上的主机的访问。

(2)扩展访问控制规则。

扩展访问控制规则比标准访问控制规则具有更多的匹配项，包括协议类型、源/目的 IP 地址、源/目的端口地址等。

扩展访问控制规则的格式如下：

序号 {允许(permit)|禁止(deny)} 协议类型 源IP地址 源掩码 目的IP地址 目的掩码 [操作符 端口地址]

例 2-3　100 permit tcp 130.68.0.0 0.0.255.255 196.5.18.0 0.0.0.255 eq www。

该规则序号为 100，允许从 130.68.0.0 网段内的主机建立与 196.5.18.0 网段内的主机的 WWW(80 端口)的 TCP 连接。

例 2-4　102 deny udp 130.68.10.0 0.0.0.255 196.5.18.0 0.0.0.255 gt 140。

该规则序号为 102，禁止从 130.68.10.0 网段内的主机到 196.5.18.0 网段内的主机的端口号大于 140 的 UDP 访问。

以上访问控制规则的特点是：①是判断语句，只有允许(permit)和禁止(deny)两种结果；②按顺序处理访问控制规则表中的语句；③处理时不匹配规则就一直向下查找，一旦找到匹配规则就不再继续向下查找；④一般预先设置默认禁止或默认允许。

请注意，由上面的特点可以看出，访问控制规则表中规则的顺序也是非常重要的，另外就是所配置的规则表中必须有一条允许语句。

静态包过滤防火墙的优点是：①对用户完全透明，不需要在客户端做任何配置，不需要对用户做任何培训；②成本很低，几乎不需要额外费用。路由器通常都集成了包过滤的功能，不需要添加专门设备。

静态包过滤防火墙的缺点是：①大多数包过滤防火墙不支持用户身份认证；②包过滤规则制定比较复杂，容易产生冲突或漏洞，出现因配置不当而带来的安全问题；③没有考虑数据包的状态，每一个数据包都要与设定的规则匹配，影响数据包的通过速率；④日志记录功能有限；⑤安全性较低。防火墙工作在网络层，不能对数据包进行更高层的分析和过滤，如不能实现内容级的访问控制。

2）状态检测(动态包过滤)防火墙

基于状态检测的包过滤又称为动态包过滤，是在传统静态包过滤技术基础上发展起来的一项过滤技术，最早由 Check Point 软件技术有限公司提出。

前面介绍的静态包过滤只检查单个、孤立的数据包，而动态包过滤试图把数据包的状态联系起来，建立一种基于状态检测的包过滤机制。状态检测防火墙采用基于连接的状态机制，将属于同一连接的所有数据包作为一个整体的数据流看待，构成连接状态表，如图 2-21 所示。

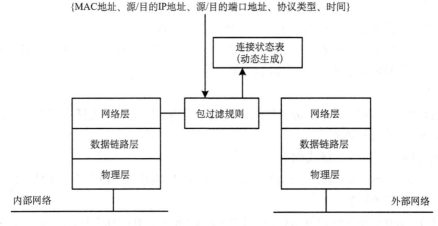

图 2-21　状态检测防火墙的工作原理

对于新建连接，防火墙检查预先设置的包过滤规则，允许符合规则的数据包通过，并在内存中构建一个连接状态表，记录该连接的相关信息。这样，当一个新的数据包到达时，如果该数据包属于已经建立的连接，则检查连接状态表，如果属于状态表中已有的连接，则允许通过；如果是新建连接，则进行包过滤规则检查。通过包过滤规则表与连接状态表的共同配合，实现数据包的快速检测。状态检测防火墙的工作流程如图 2-22 所示。

从图 2-22 中可以看出，状态检测防火墙的工作流程如下。

(1)连接请求。当状态检测防火墙收到一个 TCP 的连接请求数据包时，防火墙先将这个数据包进行包过滤规则检查，如果禁止该数据包通过，那么拒绝该次连接。

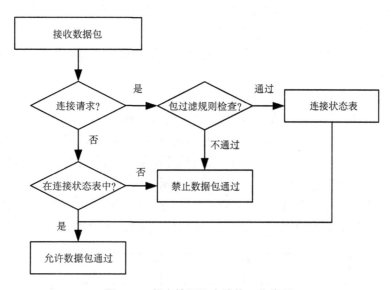

图 2-22   状态检测防火墙的工作流程

(2)建立连接状态表。如果允许数据包通过，那么防火墙从接收到的数据包中提取连接信息保存在连接状态表中，并设置一个合适的时间，当防火墙收到返回的确认连接数据包时，则调整时间为一个合适的大小。

(3)状态检测。随后的数据包就和该连接状态表的内容进行比较，通过比较源/目的 IP 地址和源/目的端口地址，如果它属于连接状态表中的某一个连接，则说明该数据包所属的连接已通过包过滤规则检查，从而不再需要进行规则检查，允许通过。

当数据传送完成，TCP 连接正常关闭或者 TCP 会话的任何一方发出一个连接中断 (RST=1)的数据包，可以快速断开一个 TCP 连接，此时，连接状态表中的连接就被删除。所以，连接状态表是动态的，随着 TCP 连接的建立和关闭而动态添加和删除连接。

请注意，依据状态检测的工作原理，状态检测防火墙避开了复杂的包过滤规则检查，极大地提高了防火墙的效率。

那么，对于无连接的 UDP 通信，如何在连接状态表中存放连接呢？UDP 协议首部只包含源/目的端口地址、UDP 总长度和校验和字段，通过建立一个虚连接存放到连接状态表中。具体过程为：首先，防火墙跟踪传出的数据包，记录下源/目的 IP 地址、源/目的端口地址、协议类型；然后，当包过滤规则检查允许通过时，把本次连接信息添加到连接状态表，并设置一个时间；最后，UDP 请求应答的数据包(源/目的 IP 地址、源/目的端口地址进行交换)在这个时间内返回则允许通过。若在这个时间内没有收到应答数据包，连接状态表中的该条连接就被删除；若收到了应答数据包，这个时间再被重置。

状态检测防火墙的优点是：①对用户完全透明。与静态包过滤防火墙相同，也是工作在网络层，只是增加考虑了传输层连接状态的信息。②性能更高。静态包过滤防火墙中规则表的排序是固定的，只能按顺序进行规则检查，而连接状态表里的连接可采用二叉树或哈希表法进行快速搜索，大大提高了数据包的检测效率，使状态检测防火墙的性能更高。③安全性更高。基于连接状态检查数据包，只有正常连接中的数据包允许通过，禁止单独的、构造的攻击数据包通过，提高了安全性。

状态检测防火墙的缺点是：与静态包过滤防火墙相同，工作在网络层，也不能实现基于内容级的访问控制。

3）应用代理防火墙

前面介绍的静态包过滤防火墙、状态检测防火墙都不能实现应用层内容的访问控制。而目前许多造成大规模损害的应用攻击和网络病毒的频繁出现，对防火墙提出了新的要求，需要防火墙对数据包进行深度检查，实现应用层协议分析、控制和内容检测等功能。

应用代理防火墙针对这种需求，深入检测数据包，执行基于应用层的内容过滤，提高系统的应用防御能力。应用代理防火墙工作在 OSI 参考模型的应用层，在内部网络与外部网络之间的应用代理起到中间转接作用。应用代理防火墙的工作原理如图 2-23 所示。

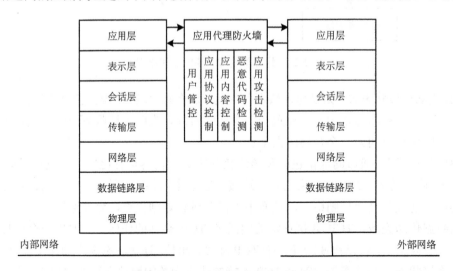

图 2-23　应用代理防火墙的工作原理

应用代理防火墙的工作原理如下。

（1）应用代理防火墙切断内网与外网的直接通信，所有通信必须经过应用代理防火墙转发，内网用户对外网的访问变成应用代理防火墙对外网的访问，访问结果再由应用代理防火墙转发给内网用户。

（2）数据包还原。应用代理对外网的访问，需要将单个数据包重组成完整的应用层内容。

（3）应用层内容深度检测。针对应用层内容，实现用户管控、应用协议控制、应用内容控制、恶意代码检测和应用攻击检测。针对应用协议控制，可以设置安全策略使 HTTP、POP3 和 SMTP 等协议流量通过；针对应用内容控制，可以实现基于关键词等的访问控制；针对恶意代码和应用攻击，可以设置恶意代码库和攻击特征库进行检测。

(4) 通过应用层检测的数据，再由应用代理防火墙返回给用户。

应用代理防火墙的优点是：①内部网络的拓扑结构、IP 地址等被应用代理防火墙屏蔽，有效实现内外网的隔离，提高了安全性；②支持用户身份识别，实现用户级的安全，具有强的日志功能；③能对应用层内容进行控制，实现恶意代码和应用攻击防护；④安全策略设置简单，过滤规则设置比包过滤规则简单。

应用代理防火墙的缺点是：①需要为每一种应用服务开发应用代理软件，所能提供的服务数量有限；②代理服务的额外处理请求降低了过滤性能，过滤速度比包过滤慢；③对操作系统的依赖程度高，易因操作系统和应用代理防火墙的缺陷而遭受攻击；④对用户不透明，用户知道应用代理防火墙的存在，并需要在用户端进行设置。

4) 电路级代理防火墙

电路级代理防火墙与应用代理防火墙一样，也会切断内网与外网的直接通信，所有通信必须经过电路级代理防火墙转发，内网用户对外网的访问变成电路级代理防火墙对外网的访问，访问结果再由电路级代理防火墙转发给内网用户。但电路级代理防火墙是一个通用代理，工作在 OSI 参考模型的会话层，不对应用层内容进行深度检测，只是基于协议首部和会话信息进行访问控制，如图 2-24 所示。

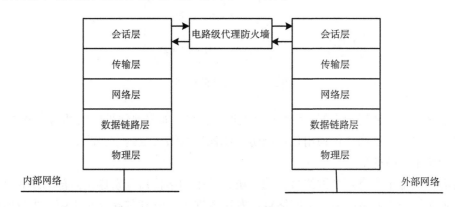

图 2-24　电路级代理防火墙的工作原理

电路级代理防火墙的优点是：①内部网络的拓扑结构、IP 地址等被电路级代理防火墙屏蔽，有效实现内外网的隔离，提高了安全性；②不需要为每个协议提供一个代理，通过一个通用代理为更多的协议提供安全性；③对用户透明，用户不知道电路级代理防火墙的存在，不在用户端进行设置。

电路级代理防火墙的缺点是：①代理服务的额外处理请求降低了过滤性能，过滤速度比包过滤防火墙慢；②对操作系统的依赖程度高，易因操作系统和电路级代理防火墙的缺陷而遭受攻击；③不能实现应用层内容的访问控制。

2. 防火墙架构

为满足用户特定的需求，可以在网络中的许多区域设置防火墙。防火墙部署在内部网络和外部网络的边界，作为边界防护设备能够保护内部网络不受外部网络的危害；部署在内部网络的不同安全区域之间，可以实现安全区域之间的隔离，保护重要的内部网络区域；防火墙还可以提供一个 DMZ 子网。正确的防火墙应该部署在正确的位置，组织机构使用防火墙的目的都有相同之处，所以在网络中的部署方式也相似。根据网络安全的需求和目的不同，防火墙可以形成 4 种不同的架构：包过滤防火墙、双宿主机防火墙、屏蔽主机防火墙和屏蔽子网防火墙。

1) 包过滤防火墙

一般路由器中都集成了防火墙模块，具有包过滤的功能。包过滤防火墙也称为包过滤路由器，是最基本、最简单的一种防火墙，通过访问控制规则实现数据包的过滤，如图 2-25 所示。

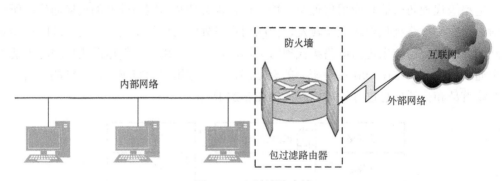

图 2-25　包过滤防火墙

包过滤防火墙适用于小型、不太复杂的网络系统。如果要保护的内部网络规模较大、结构复杂、安全要求高，仅使用包过滤防火墙保护网络安全是不够的。

2) 双宿主机防火墙

双宿主机是至少有两个网络接口的主机，两个网络接口分别连接内部网络和外部网络。不允许从一个网络向另一个网络直接发送数据包，IP 通信被完全阻断。内外网络通过双宿主机的过滤、转发方式进行通信，而非直接进行 IP 通信。主机上允许防火墙软件为不同的服务提供代理，而同时根据安全策略对通信进行过滤和控制。其结构如图 2-26所示。

双宿主机防火墙采用代理方法提供服务。请注意，在设置双宿主机防火墙时，要确定把防火墙的路由功能关闭。如果路由功能开着，一个网络到另一个网络的通信会绕过防火墙。另外，需要为每一个应用服务提供应用代理防火墙，否则，不能进行通信。

3) 屏蔽主机防火墙

屏蔽主机防火墙由一个包过滤路由器和一个堡垒主机构成，包过滤路由器隔离内部网络和外部网络，堡垒主机部署在内部网络上。在包过滤路由器上设置包过滤规则，使堡垒主机成为外部网络唯一可以访问的主机。内部网络用户必须通过堡垒主机来决定是否允许访问外部网络。通过包过滤路由器的包过滤和堡垒主机的应用代理服务保护内部网络的安全。其结构如图 2-27 所示。

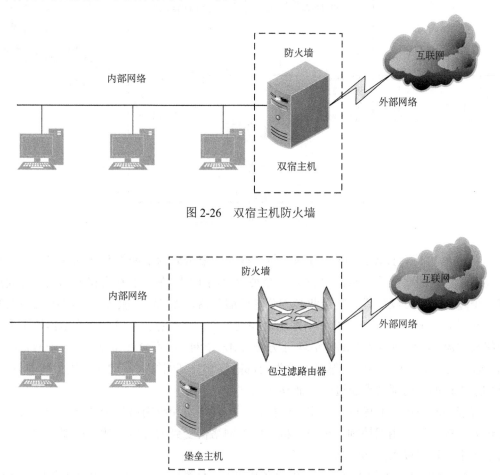

图 2-26　双宿主机防火墙

图 2-27　屏蔽主机防火墙

　　屏蔽主机防火墙的优点是：配置上比双宿主机防火墙更灵活。可以设置包过滤路由器将某些通信直接传到内部网络的某一主机而不是堡垒主机；由于大多数甚至所有通信直接传到堡垒主机，所以包过滤的规则比包过滤防火墙更简单。

　　屏蔽主机防火墙的缺点是：两个防火墙部件的配置在逻辑上要求严格准确，否则可能出现用户绕过堡垒主机直接与路由器建立联系的情况；无论包过滤路由器还是堡垒主机，只要有一个失效，整个网络就暴露了，系统的安全性不是十分可靠。

　　4) 屏蔽子网防火墙

　　由于屏蔽主机防火墙中堡垒主机有可能被绕过，有必要在内部网络与外部网络之间设置一个独立的子网，也称为屏蔽子网或 DMZ 子网。屏蔽子网防火墙在屏蔽主机防火墙的基础上又增加了一个包过滤路由器，其结构如图 2-28 所示。

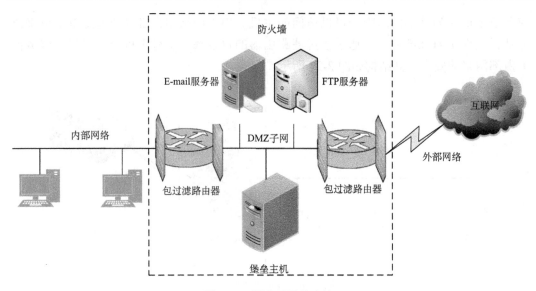

图 2-28　屏蔽子网防火墙

在图 2-28 中，DMZ 子网通过两个包过滤路由器分隔内部网络和外部网络，进一步提高了防火墙的安全性；DMZ 子网是一个被隔离的子网，在内部网络和外部网络之间形成一个隔离带，可以放置一些企业必须公开的服务器，如 Web 服务器、FTP 服务器和 E-mail 服务器等；DMZ 子网的一个路由器控制外部网络数据流，另一个路由器控制内部网络数据流，内部网络和外部网络均可访问 DMZ 子网，但不允许穿过 DMZ 子网直接通信；通过在 DMZ 子网中安装堡垒主机为内部网络和外部网络之间的通信提供代理服务，对堡垒主机的访问都必须通过包过滤路由器。

屏蔽子网防火墙的优点是：安全性好，支持网络层和应用层安全功能。一旦攻击者通过外部包过滤路由器控制了堡垒主机，内部网络仍受到内部包过滤路由器的保护，攻击者仍不能直接侵入内部网络。

屏蔽子网防火墙的缺点是：要求的设备和代理软件模块最多，所以相比起来费用最高；整个系统的配置由 3 个设备组成，包括 2 个包过滤路由器和 1 个堡垒主机，实施和管理比较复杂。

请注意，目前专门的防火墙产品一般都属于屏蔽子网防火墙，具有多个网络接口，每个网络接口可以由管理员任意配置连接内部网络、外部网络或 DMZ 子网。

3. 防火墙安全功能

按照防火墙安全功能的强度划分安全等级。国家标准《信息安全技术 防火墙安全技术要求和测试评价方法》（GB/T 20281—2020）中，安全等级分为基本级和增强级。达到基本级要求的产品推荐使用在安全保护等级为第一、二级的信息系统中；达到增强级要求的产品推荐使用在安全保护等级为第三、四级的信息系统中。表 2-2 给出了基本级防火墙的主要安全功能要求。

表 2-2 基本级防火墙主要安全功能要求

安全功能			基本级
组网与部署	部署模式		应支持透明传输模式、路由转发模式
	静态路由		应支持静态路由功能，且能配置静态路由
	策略路由		具有多个相同属性网络接口的产品，应支持策略路由功能，包括但不限于基于源/目的 IP 策略路由、基于接口的策略路由、基于协议和端口的策略路由
网络层控制	访问控制	包过滤	安全策略应使用最小安全原则，即除非明确允许，否则就禁止；应包含基于源/目的 IP 地址、源/目的端口地址、协议类型、时间的访问控制；应支持用户自定义安全策略，安全策略包括 MAC 地址、IP 地址、端口、协议类型和时间的部分或全部组合
		网络地址转换	支持 SNAT 和 DNAT；SNAT 应实现"多对一"地址转换，使得内部网络主机访问外部网络时，其源 IP 地址被转换；DNAT 应实现"一对多"地址转换，将 DMZ 的 IP 地址/端口映射为外部网络合法 IP 地址/端口，使外部网络主机通过访问映射地址和端口实现对 DMZ 服务器的访问
		状态检测	应支持基于状态检测技术的包过滤功能，具备状态检测能力
		动态开放端口	应支持协议的动态端口开放，包括但不限于 FTP 协议
		IP/MAC 地址绑定	应支持自动或手工绑定 IP/MAC 地址，当主机的 IP 地址、MAC 地址与 IP/MAC 绑定表中不一致时，阻止其流量通过
	流量管理	带宽管理	应支持带宽管理功能，能根据策略调整客户端占用的带宽，包括但不限于根据源 IP、目的 IP、应用类型和时间段的流量速率或总额进行限制
		连接数控制	应支持限制单 IP 的最大并发会话数和新建连接速率，防止大量非法连接产生时影响网络性能
		会话管理	在会话处于非活跃状态一定时间或会话结束后，产品应终止会话
攻击防护	拒绝服务攻击防护		产品具备特征库，应支持拒绝服务攻击防护功能，包括但不限于 ICMP Flood、UDP Flood、SYN Flood、TearDrop、Land、Ping of Death、CC 攻击防护
安全审计、告警与统计	安全审计		应支持安全审计功能，包括但不限于：①记录事件类型：被安全策略匹配的访问请求、检测到的攻击行为；②日志内容：事件发生的日期和时间，事件发生的主体、客体和描述，攻击事件的描述；③日志管理：仅允许授权管理员访问日志，并提供日志查询、导出等功能；能对审计事件按日期、时间、主体、客体等条件查询；日志存储于掉电非易失性存储介质中；日志存储周期设定不小于六个月；存储空间达到阈值时，能通知授权管理员，并确保审计功能的正常运行；日志支持自动化备份到其他存储设备
	网络流量统计		应支持以图形化界面展示网络流量情况，包括但不限于：①按照 IP、时间段和协议类型等条件或以上条件组合对网络流量进行统计；②实时或以报表形式输出统计结果
	攻击事件统计		应支持以图形化界面展示攻击事件情况，包括但不限于：①按照攻击事件类型、IP 和时间段等条件或以上条件组合对攻击事件进行统计；②以报表形式输出统计结果

4. 防火墙性能

对防火墙性能的评价，主要包括吞吐量、延迟、连接速率和并发连接数等指标。例如，GB/T 20281—2020 中对千兆网络型防火墙的性能指标要求：①防火墙在不丢包的情况下，一对相应速率的端口应达到的双向吞吐量指标要求，对 64 字节短包应不小于线速的 35%，对 512 字节中长包应不小于线速的 80%，对 1518 字节长包应不小于线速的 95%；②对 64 字节短包、512 字节中长包、1518 字节长包，最大延迟不应超过 90μs；③TCP

新建连接速率应不小于 5000 个/s；④最大并发连接数应不小于 200000 个。

2.4.2 入侵检测系统

入侵检测系统(Intrusion Detection System, IDS)的发展已有四十多年的历史。1980 年 4 月，詹姆斯•安德林(James P. Anderson)为美国空军做了一个题目为 *Computer Security Threat Monitoring and Surveillance* 的技术报告，首次阐述了入侵检测的概念。IDS 从计算机网络或计算机系统中的若干关键点采集数据，对采集的数据进行分析，从而判断网络或系统中是否有违反安全策略的行为和被攻击的迹象，并通过和防火墙等进行联动，对入侵或攻击做出响应。IDS 是在传统的边界防御设备(如防火墙)之后，保护内部网络安全的第二层防御设备，其目标是识别内部人员或外部入侵者非法使用、滥用计算机网络或计算机系统资源的行为。

1. IDS 技术原理

IDS 通过自动采集和检测计算机网络或计算机系统中的可疑事件来标记入侵。入侵检测的一般模型包括数据源、数据采集器、事件检测器、数据库和响应等部件，如图 2-29 所示。

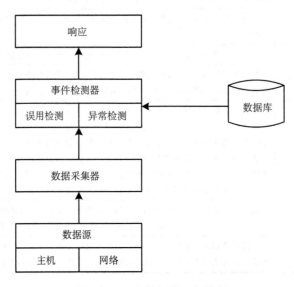

图 2-29　入侵检测的一般模型

图 2-29 中各个部件的主要功能如下。

(1)数据源。IDS 的数据源主要来自计算机网络或计算机系统(主机)，主要包括：①系统资源的审计数据，包括操作系统日志文件，文件系统、网络服务、访问企图等的应用情况；②操作系统中系统资源的使用情况，包括 CPU 利用率、内存利用率、系统资源短缺情况、输入/输出率、活跃的网络连接数等；③网络管理日志；④网络流量，与安全相关的源/目的 IP 地址、源/目的端口地址等参数；⑤其他来自防火墙、交换机和路由器等的数据。

(2)数据采集器。数据采集器通过 IDS 的探测器采集数据。根据采集的数据源不同,探测器可以安装在交换机、路由器或防火墙等网络设备上,也可安装在应用服务器、数据库服务器等特定的主机上。

(3)事件检测器。事件检测器从采集的数据中,检测正在尝试的、正在发生的或已经发生的入侵。有两种主要的检测技术:误用检测技术和异常检测技术。

(4)数据库。数据库存储的数据包括采集的数据、已检测到的入侵、用于事件检测的已知攻击特征库、正常行为的轮廓文件。

(5)响应。响应功能是将入侵检测的结果展示给系统管理员或安全负责人等。响应可以分为被动响应和主动响应。被动响应,通常在管理控制台上产生警报,或通过短信、电子邮件等方式将结果告知相关人员;主动响应,能提供相关的措施来限制入侵或将影响降到最小,如通过和防火墙联动来阻断入侵、锁定入侵的账户或中断会话协议等。

2. 检测技术分类

1)误用检测技术

误用检测技术也称基于知识的检测技术。该检测技术假定所有的入侵行为都能够表示为一种攻击特征,攻击特征就是执行某种攻击的计算机活动序列或其变体,该技术通过采集数据与攻击特征的匹配来判断入侵行为。

误用检测技术的优点是:检测准确率高,技术相对成熟。

误用检测技术的缺点是:不能检测出新的入侵行为,维护攻击特征库的工作量大。

基于误用检测技术的常用方法如下。

(1)基于模式匹配的检测法:这是一种常用的误用检测方法,其基本思想是把所有的入侵行为表示为一种攻击特征,用一定的模式来描述攻击特征并构造攻击特征库,用模式匹配的方法检测出入侵行为,如简单的字符串匹配或复杂的形式化数学表达式匹配。其主要优点是检测的准确率和效率较高;缺点是建立和维护攻击特征库的工作量大,必须及时更新特征库。

(2)基于专家系统的检测法:这是一种常用的基于知识的检测方法。其基本思想是构造入侵专家知识库,表示为"if 条件 then 结果"的规则,if 后面的条件部分描述入侵发生的条件,then 后面的结果部分描述入侵发生后采取的相关措施。通过规则的匹配,若结果满足某一或某些条件,则判断发生了入侵行为。其难点在于如何构造一个完备的入侵专家知识库。

(3)基于状态转换分析的检测法:其基本思想是把系统的运行过程看作系统状态间的转换过程,执行的操作(也称特征事件)是导致系统状态转换的条件。入侵过程看作从初始状态转入被入侵状态的一个操作(特征事件)序列。该方法先描述每一种入侵方法的初始状态、被入侵状态和特征事件序列,再构造所有入侵方法的状态转换图,通过状态转换分析检测异常行为。状态转换分析的不足是不能检测与系统状态无关的入侵，且不易分析太复杂的事件。

2）异常检测技术

异常检测技术也称基于行为的入侵检测技术。该检测技术假定入侵行为与正常的用户行为有明显的差异。可以定义用户的正常行为，所有与正常行为有偏差的行为就判断为入侵行为。

异常检测技术的优点是：能够检测出新的入侵行为。

异常检测技术的缺点是：用户正常行为的描述难度较大；若入侵者了解检测规律，则可以通过改变入侵过程来避免系统指标突变，从而逃避检测。

基于异常检测技术广泛使用的方法如下。

（1）基于统计的异常检测法：这是最常使用的异常检测方法。根据用户的活动情况为每个用户建立一个特征轮廓文件，活动情况包括每次会话的登录和退出时间，使用资源的持续时间，在会话和给定的时间内消耗的处理器、磁盘资源情况等。通过比较当前轮廓文件与存储的特征轮廓文件的阈值是否超过偏差来判断异常行为。用户的特征轮廓文件要随着用户当前特征轮廓的变化定期进行更新。

（2）基于特征选择的异常检测法：从一组度量指标中选择能检测入侵的特征度量值，再用特征度量值进行入侵行为的预测或分类。

（3）基于贝叶斯推理的异常检测法：通过在任何给定的时刻测量各个变量值，推理判断系统是否有入侵事件发生。

（4）基于贝叶斯网络的异常检测法：通过构建异常入侵检测的贝叶斯网络来检测入侵事件。贝叶斯网络是一个有向无环图，用来表示随机变量之间的关系，有向边表示父、子结点之间的依赖关系，用条件概率表描述随机变量的联合概率分布。当随机变量的值可知时，就允许将它吸收为证据，按这个证据为其他的剩余随机变量值判断提供计算轮廓。

（5）基于模式预测的异常检测法：其假设的前提是事件序列不是随机生成的而是具有可辨别的模式。这种检测方法的主要特点是考虑事件的序列及其相互关系。例如，基于时间规则观察用户的正常行为，归纳产生一套规则集描述用户轮廓文件。通过观察到的事件序列与用户轮廓文件比较来判断用户的异常行为。

3. IDS 分类

根据 IDS 的数据来源不同，IDS 可以分为基于主机的入侵检测系统（HIDS）和基于网络的入侵检测系统（NIDS）。

1）HIDS

HIDS 安装在受监测的主机上，以主机的系统日志、应用程序日志作为数据源，或采用监测系统调用等手段收集主机信息进行分析，从而发现异常行为。例如，HIDS 能直接访问和监视攻击所针对的数据文件和系统进程，能查看到企图攻击的结果，如能检测来自关键任务服务器键盘的攻击。

选择 HIDS 首先需要确定目的主机，考虑到在每台主机上部署 HIDS，费用非常昂贵，一般先将 HIDS 部署在关键主机上，并根据风险分析结果和成本效益，按优先级次序进行部署。

HIDS 的主要用途包括：①识别针对特定用户的可疑活动；②监测特定用户行为的变化；③构建主机系统安全状态基线，并监测基线变化；④在加密或非加密的情况下，可监视应用级别的日志；⑤观察攻击引起的数据修改；⑥监测高速网络和加密网络里的系统；⑦检测 NIDS 无法识别的攻击。

HIDS 的主要局限性包括：①某些 DoS 攻击可能使部署 HIDS 的主机失效；②需要消耗主机资源，如记录主机审计日志所需的存储空间；③部署在相关主机上，可能需要复杂的安装和维护；④部署在主机上缺乏隐蔽性；⑤不能识别针对其他主机或网络的攻击。

2）NIDS

NIDS 采用旁路模式接入受保护网络，通过采集交换机镜像端口网络数据包作为数据源，监听受保护网络内的所有数据包并进行分析，从而发现异常行为并进行报警。

NIDS 由一系列目标探测器组成，这些探测器监视网络通信，对其局部流量进行分析，并将攻击上报中央管理控制台。探测器作为 IDS 的数据采集部件，为了保护其免受攻击，大部分探测器在网络层是不可见的。

NIDS 的主要用途包括：①工作在隐蔽模式，对用户不可见，探测器在网络层及以上也不可见，提高了安全性；②使用探测器可以监视主机流量；③识别针对主机的 DoS 攻击。

NIDS 的主要局限性包括：①不能处理加密的网络传输；②与 HIDS 相比，NIDS 可能要求更大的带宽和更快的处理速度；③在高度交换的网络中，如每个 VLAN 下，探测器都要能采集网段内的所有数据；④不能正常观察攻击结果。

4. IDS 部署

1）NIDS 部署

为了监视网络而部署 NIDS 时，需要考虑探测器的数据采集方法。当从交换机的镜像端口捕获网络数据包时，应使用物理隔离的交换机，而不是 VLAN 划分。因为，交换机通常只允许单个镜像端口在任何给定的时间起作用。而且镜像端口也增加了交换机的 CPU 使用率，在 CPU 达到使用极限时，镜像端口通常也会停止数据复制。NIDS 探测器通常的部署位置如图 2-30 所示。请注意，NIDS 是旁路设备，用来报告网络上发生了什么样的恶意活动。根据 NIDS 的被动本质，对 IDS 来说它几乎不会导致网络故障。

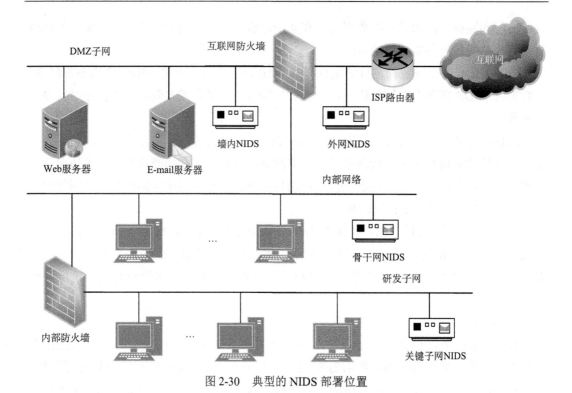

图 2-30 典型的 NIDS 部署位置

NIDS 部署在网络中的不同位置，其优缺点如表 2-3 所示。

表 2-3 NIDS 在不同位置部署的优缺点

部署位置	优点	缺点
互联网防火墙内	能识别来自外部网络并已渗入防护边界的攻击；能帮助检测防火墙配置策略上的错误；能监测针对 DMZ 子网中系统的攻击；适当配置后，能监测来自内部网络并针对外部目标的攻击	接近外部网络，不能用作强保护；不能监视防火墙过滤掉的攻击
互联网防火墙外	能检测来自外部网络攻击的数量和类型；能发现没有被防火墙过滤掉的攻击；能减轻拒绝服务攻击的影响；若与外部防火墙内的 IDS 合作，能评估防火墙的有效性	探测器易受攻击，需要采用加固的隐形设备；采集数据量大，分析困难；探测器和管理平台的交互要求在防火墙中打开额外的数据通道，管理平台易被外部访问
重要骨干网络上	能监视大量的网络流量，提高了发现攻击的可能性；若只有一个骨干网络，易阻止对关键子网的拒绝服务攻击；能检测授权用户的未授权活动	存在捕捉和存储敏感或保密数据的风险；IDS 需要处理大量的数据；检测不到不通过骨干网络的攻击；不能识别子网上主机对主机的攻击
关键子网上	能监视针对关键系统、服务和资源的攻击；使有限资源能聚焦于最大价值的网络资产	不能检测子网间相互关联的安全事件；IDS 相关流量可增加关键子网上的负载；如果配置不正确，IDS 可捕捉和存储敏感信息

2) HIDS 部署

HIDS 在进行部署之前，管理员应先在受保护的网络环境中熟悉其特性和能力。HIDS 发挥作用的大小很大程度上依赖于管理员区分真假警报的能力，管理员也要具备网络拓扑结构、脆弱性以及与解决虚假警报相关的知识。随着时间流逝，管理员能够凭借操作经验识别正常的或基线类型的活动。

一般在组织机构内部的每个主机上安装 HIDS 花费昂贵，且耗时较长。首先考虑在关键服务器上安装 HIDS，这样不仅能降低整体部署的成本，还使得没有经验的人员集中精力处理最重要资产的警报。当这部分工作变为常态后，可以针对最初的信息安全风险评估结果考虑安装更多的 HIDS。应选择具备集中管理和报告功能的 HIDS，这样能大大降低管理来自全网 HIDS 警报的复杂度。

5. IDS 响应

1）被动响应

IDS 检测到入侵后，向操作员或者预定位置发送信息，IDS 操作员基于所提供的信息而采取后续的行动。被动响应的形式包括：①通过屏幕报警、弹出窗口、电子邮件或者手机短信发出警报；②配置 SNMP 陷阱，向中央管理控制台做出响应。

2）主动响应

主动响应就是 IDS 检测到攻击时能自动采取行动。提供主动响应的 IDS 也称为入侵防御系统(Intrusion Prevention System，IPS)。

6. IDS 性能

评价 IDS 的性能指标主要包括误报率(false positive)、漏报率(false negative)、流量监控能力和并发连接数监控能力、新建 TCP 连接速率监控能力等。

(1)误报。误报是指没有攻击时 IDS 发出警报信息。误报率就是误报的警报数量占总警报数量的比率。

(2)漏报。漏报是指攻击发生时 IDS 没有发出警报信息。漏报率就是漏报的警报数量占总警报数量的比率。

例如，根据国家标准《信息安全技术 网络入侵检测系统技术要求和测试评价方法》(GB/T 20275—2013)，NIDS 的性能要求为：①应将误报率、漏报率控制在应用许可的范围(15%)内，不能对正常使用产品产生较大影响；②百兆系统单口监控流量≥90Mbit/s，千兆系统单口监控流量≥0.9Gbit/s，万兆系统单口监控流量≥9Gbit/s；③百兆系统单口监控并发连接数≥10 万个，千兆系统单口监控并发连接数≥100 万个，万兆系统单口监控并发连接数≥150 万个；④百兆系统单口监控每秒新建 TCP 连接数≥6 万个，千兆系统单口监控每秒新建 TCP 连接数≥10 万个，万兆系统单口监控每秒新建 TCP 连接数≥15 万个。

7. 入侵防御系统

入侵防御系统(IPS)把保护能力和入侵检测能力相结合，首先检测攻击，接着以静态或者动态的方式阻止攻击。IPS 是串行设备，用来监控流量并根据检测结果决定允许流量通过，还是丢掉某些数据包、断开包含未授权数据的连接。

IPS 包含以下两种主要类型。

（1）基于主机的入侵防御系统（HIPS）：直接在主机（工作站或服务器）上运行软件，能检测并阻止针对本地主机的威胁。由于 HIPS 软件能拦截其保护系统的所有请求，其必须非常可靠、不影响系统性能和不阻塞合法流量。

（2）基于网络的入侵防御系统（NIPS）：结合了标准 IDS 和防火墙的特性。数据流传到检测引擎，当检测到恶意流量时，产生报警，并禁止该数据流通过。

2.4.3　VPN

VPN（Virtual Private Network，虚拟专用网）是指一种在公共通信基础网络上通过逻辑方式隔离出来的网络。V 即 Virtual，是针对传统的企业专用网络而言的，传统的专用网络往往需要建立自己的物理专用通道，费用昂贵，而 VPN 利用公共通信基础网络（互联网）和设备建立一个逻辑上的专用通道；P 即 Private，表示 VPN 是特定企业或用户私有的，并不是任何公共通信基础网络上的用户都能够使用已经建立的 VPN 通道，而是只有经过授权的用户才可以使用；N 即 Network，表示这是一种专门的组网技术和服务，企业为了建立和使用 VPN 必须购买和配备相应的网络设备。

实现 VPN 的方式有多种，常见的有 IPSec VPN 和 SSL VPN 等。

1. IPSec

IPSec（Internet Protocol Security）是专为网络层提供安全服务的一个开放的、模块化的框架，并不是一种严格的协议。IPSec 具有强大的加密和身份认证方法，通常用在建立跨互联网的网络之间的 VPN，确保在公开网络上进行保密而安全的通信，可以端到端地提供数据完整性保护、数据源认证、机密性和抗重放攻击等安全服务。

IPSec 主要由 AH（Authentication Header，认证首部）、ESP（Encapsulating Security Payload，封装安全负载）和 IKE（Internet Key Exchange，互联网密钥交换）3 个协议组成。IKE 协议用于协商 AH 和 ESP 协议所使用的密码算法和密钥。IPSec 可以工作在两种模式：传输模式和隧道模式。

1）AH 协议

AH 用于为 IP 数据包提供完整性、数据源认证和抗重放攻击服务，其协议格式见图 2-31。AH 首部紧跟在 IP 首部之后，在 IP 首部的协议字段值是 51。

图 2-31　AH 协议格式

（1）下一个首部：占 8 位，指定 AH 后下一个载荷的类型。在传输模式下，该字段是处于保护中的传输层协议值，如 6(TCP)、17(UDP)或者 50(ESP)。在隧道模式下，AH 保护的是整个 IP 数据包，该值是 4，表示 IP-in-IP 协议。

（2）载荷长度：占 8 位，是 AH 首部的长度减去 2，长度以 32 位为计数单位。

（3）保留未来使用：占 16 位。该字段设置为 0，参与完整性校验值的计算。

（4）安全参数索引：即 SPI，占 32 位，与数据包的目的 IP 地址、安全协议类型共同标识了此数据包的安全关联(Security Association，SA)。1～255 的 SPI 值保留未来使用，0 保留给本地特定使用且不能在网络上传送，通信协商得到的 SPI 值不能小于 256。

（5）序列号：占 32 位，单调递增计数器，发送方对使用该 SA 的每个数据包进行计数，接收方检测这个字段来实现 SA 的抗重放攻击。发送方和接收方的计数器在建立一个 SA 时设置初始值为 0，该序列号在一个 SA 生存期内不能循环使用。

（6）认证数据：一个变长字段，是一个完整性校验值，用于校验整个 IP 数据包的完整性(可变字段除外)。该字段长度应是 32 位的倍数，取决于所使用的完整性校验算法。

2) ESP 协议

ESP 协议提供了机密性、完整性、数据源认证和抗重放攻击服务。当 ESP 单独使用时，应同时选择机密性和数据源认证服务；当 ESP 和 AH 结合使用时不应选择数据源认证服务。ESP 协议格式见图 2-32，在 IP 首部的协议字段值是 50。

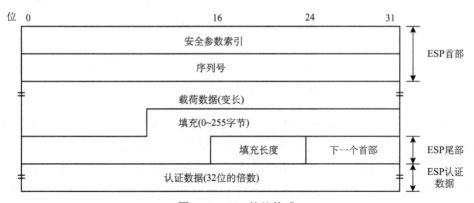

图 2-32　ESP 协议格式

（1）安全参数索引：占 32 位，与数据包的目的 IP 地址、安全协议类型共同标识了此数据包的 SA。

（2）序列号：占 32 位，单调递增计数器，发送方对使用该 SA 的每个数据包进行计数，接收方检测这个字段来实现 SA 的抗重放攻击。

（3）载荷数据：一个变长字段，包含初始化向量(IV)和下一个首部字段所描述的数据，其长度单位为字节，IV 应置于载荷数据首部。

（4）填充：如果载荷数据的长度不是加密算法分组长度的整数倍，则需要对不足的部分进行填充，填充以字节为单位。

（5）填充长度：占 8 位，有效值范围是 0～255，其中 0 表明没有填充字节。

（6）下一个首部：占 8 位，指定 ESP 首部后面下一个载荷类型。

（7）认证数据：一个变长字段，是一个完整性校验值，即对 ESP 报文去掉该字段外的其余部分进行完整性校验计算所得的值。该字段的长度由选择的完整性校验算法决定。认证数据字段是可选的，只有当 SA 选择了完整性校验服务时才包含此字段。

AH 和 ESP 首部在传输模式和隧道模式中分别有不同的放置位置，如图 2-33 所示。在传输模式中，AH 和 ESP 首部应放在 IP 首部之后和上层协议之前。在隧道模式中，AH 保护整个 IP 数据包，包括整个原 IP 数据包以及新建 IP 首部的部分字段；ESP 保护包括原内部 IP 首部在内的整个原 IP 数据包。

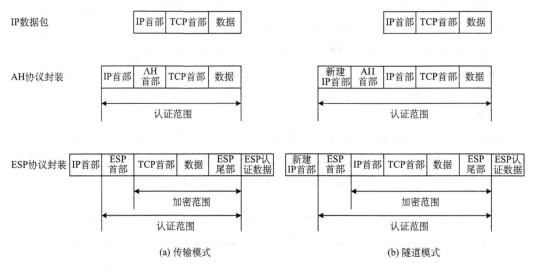

图 2-33　传输模式、隧道模式下的 AH、ESP 协议封装

AH 提供了身份认证和完整性服务，ESP 除了这两种服务之外还提供了机密性服务。那么，有了 ESP 协议，为什么还要 AH 协议呢？通常情况下，使用 AH 协议与具体网络环境是否使用 NAT 设备有关。AH 协议的认证范围包括数据、传输层和网络层首部，以此来计算完整性校验值。当数据包通过 NAT 设备时会修改其 IP 地址，这样接收方计算该完整性校验值时就会不一致，从而丢弃该数据包。而 ESP 协议在计算完整性校验值时，因不包括 IP 首部，当 NAT 设备改变 IP 地址时，接收方计算的完整性校验值不受影响。

3）IKE 协议

IKE 协议用于动态建立 SA。根据 RFC 2409 文档中的描述，IKE 是一个混合协议，沿用了 ISAKMP 的框架基础、Oakley 密钥交换模式和 SKEME 的共享密钥更新技术，从而设计出密钥协商和动态密钥更新协议。ISAKMP 定义了建立、协商、修改和删除 SA 的过程和报文格式。它是一个在互联网环境中建立 SA 和密钥管理的框架，独立于具体密钥交换协议，可以支持多种不同的密钥交换协议。Oakley 描述了多种密钥交换模式，以及每种模式所提供服务的细节。SKEME 描述了一种通用的密钥交换技术，提供了基于共享密钥的身份认证和快速密钥生成服务，定义了通信双方建立一个共享的验证密钥所采取的步骤。

4) SA

SA 是指两个通信实体经协商建立起来的一种协定，描述实体如何利用安全服务来进行安全的通信。SA 对于 IPSec 框架至关重要，如果两个实体完成协商过程，那么所达成的身份认证、加密密钥、算法、密钥的生命期和源 IP 地址等数据都要记录在 SA 中。IKE 协议的一个主要功能就是建立和维护 SA。SA 具有方向性，一个 SA 为一个方向上传输的数据流提供 AH 或 ESP 协议的一种安全服务。如果 AH 和 ESP 同时用于保护一个数据流，那么应创建两个 SA 来提供对数据流的保护。

每个 SA 由三元组唯一标识：

<安全参数索引(SPI)，目的 IP 地址，安全协议标识(AH/ESP)>

其中，安全参数索引(SPI)用于区分有相同目的 IP 地址和安全协议的不同 SA。目的 IP 地址表示 SA 对应的目的 IP 地址；安全协议标识(AH/ESP)表示 SA 采用的协议。每个 IPSec 实现都有一个 SAD(安全关联数据库)，它的每个入口都定义了一个与 SA 相关的参数。

SA 有传输模式和隧道模式。传输模式 SA 是两台主机间的 SA。如果 SA 的任意一端是一个安全网关，那么 SA 就采用隧道模式。当单一的 SA 不能满足更高安全要求的数据流时，可以采用多个 SA 的组合来实现必要的安全策略，这个组合称为 SA 束。SA 可以通过传输邻接和隧道迭代两种方式组合成束。传输邻接是对同一个数据包使用多个传输模式(AH 和 ESP)的安全协议，只允许一级的联合，更多的联合并不产生更多的优势。隧道迭代是允许一个 IPSec 隧道穿过另一个 IPSec 隧道，如果数据包需要不同级别的保护，就可以使用隧道迭代。这两种方式也可以再组合，例如，一个 SA 束可以由一个隧道模式 SA 和一个或两个传输模式 SA 构成。图 2-34 给出了隧道迭代的一个例子，在内部网络 1，数据不需要加密，从主机 A 到边界路由器通过 AH 隧道，当数据从边界路由器通过互联网传输时，需要加密保护，采用 ESP 隧道，数据到达内部网络 2 后，又可以采用 AH 隧道进行传输。

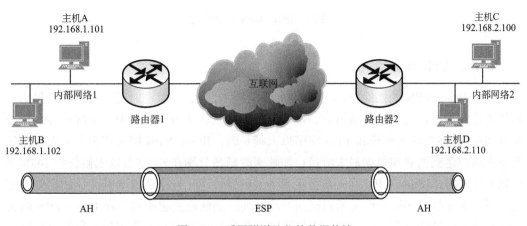

图 2-34　采用隧道迭代的数据传输

IKE 建立 SA 分 2 个阶段：①协商创建一个通信信道 IKE SA，包括协商加密算法、Hash 算法、认证方法和密钥交换等，并对该信道进行认证，为双方后续的 IKE 通信提供机密性、完整性以及数据源认证服务；②使用已建立的 IKE SA，协商建立 IPSec SA，为数据交换提供 IPSec 服务。协商消息受第一阶段 SA 的保护，包括协商策略，使用何种 IPSec 协议（AH/ESP）、Hash 算法（MD5/SHA），是否加密等，达成一致后，将建立起两个 SA，分别用于入站和出站通信；生成加密数据的会话密钥；把 SA、密钥和 SPI 递交给 IPSec 模块。

2. IPSec VPN 部署

IPSec VPN 主要由两种应用场景：①网关到网关的安全接入，适用于异地跨互联网的内部网络之间的安全接入；②终端到网关的安全接入，适用于移动办公用户或者公众用户接入内部网络。

图 2-35 给出了基于 IPSec VPN 的典型应用案例。通过部署 IPSec VPN，内部网络 2 通过互联网安全接入内部网络 1；移动办公用户通过互联网也可安全接入内部网络 1。

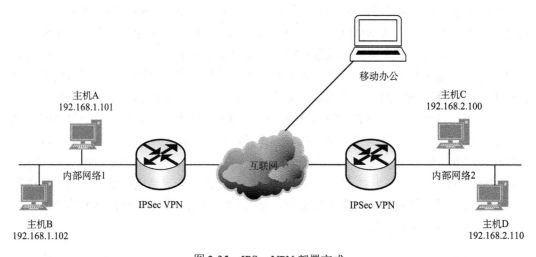

图 2-35　IPSec VPN 部署方式

3. IPSec VPN 性能

评价 IPSec VPN 的性能指标主要包括加解密吞吐量、加解密时延、加解密丢包率、每秒新建隧道数、最大并发隧道数、单隧道最大并发连接数等。其中，加解密吞吐量是指分别在 64 字节以太帧长和 1428 字节以太帧长时，IPSec VPN 网关在丢包率为 0 的条件下内网口达到的双向数据最大流量；加解密时延是分别在 64 字节以太帧长和 1428 字节以太帧长时，IPSec VPN 网关在丢包率为 0 的条件下，一个明文数据流经加密变为密文，再由密文解密还原为明文所消耗的平均时间；加解密丢包率是当在 IPSec VPN 网关内网口处于线速情况下，单位时间内错误或丢失的数据包占总发数据包数量的百分比。

4. IPSec VPN 的局限性

IPSec VPN 比较适合连接固定、对访问控制要求不高的场合，无法满足用户随时随地以多种方式接入网络、对用户访问权限进行严格限制的需求。IPSec VPN 具有如下局限性。

(1) 部署比较复杂。使用 IPSec VPN 时，需要在用户主机上安装复杂的客户端软件。远程客户端平台的多样性还要求 IPSec VPN 客户端具有跨平台、易升级和易维护等特点。

(2) 远程接入的安全性。无法检查远程接入用户主机的安全性，用户如果通过不安全的主机访问公司内部网络，可能引起内部网络感染病毒。

(3) 粗粒度的访问控制。IPSec VPN 工作在网络层，无法识别数据包的内容，因此不能对高层应用的访问请求进行控制。

(4) 部署比较复杂。在部署 NAT 的网络环境中，IPSec VPN 需要支持 NAT 穿越技术；在部署防火墙的网络环境中，由于 IPSec 协议在原 TCP/UDP 首部的前面增加了 IPSec 首部，需要在防火墙上进行特殊配置以允许 IPSec 数据包通过。

5. SSL

SSL(Secure Socket Layer，安全套接字层) 协议最初是网景通信公司 (Netscape Communications Corporation) 定义的基于 Web 应用的安全协议，SSL 版本已发展到 3.0，并被 IETF 采纳为 TLS(Transport Layer Security，传输层安全) 1.0 中。SSL 实现在应用层协议 (HTTP、FTP 和 Telnet 等) 和 TCP/IP 协议之间提供数据安全性的保证，包括数据加密、服务器认证 (和可选的客户认证) 和消息完整性。

SSL 协议层次如图 2-36 所示。SSL 协议分为两层： SSL 记录协议 (SSL Record Protocol) 建立在可靠的传输层 TCP 协议之上，为高层协议提供数据封装、压缩、加密等基本功能；SSL 握手协议 (SSL Handshake Protocol) 建立在 SSL 记录协议之上，用于在实际的数据传输前，客户和服务器通信双方进行身份认证、协商加密算法、交换加密密钥等。

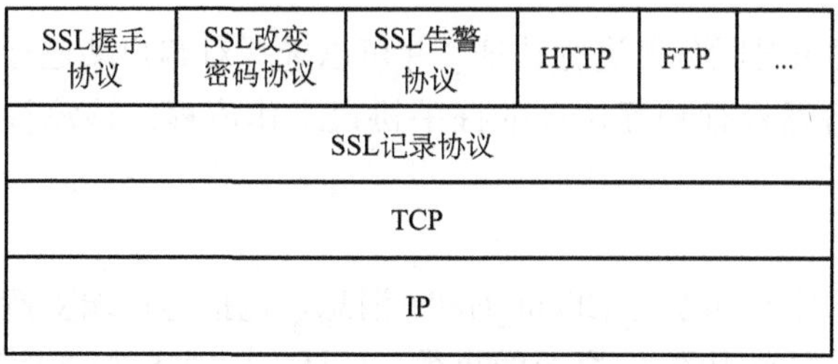

SSL握手 协议	SSL改变 密码协议	SSL告警 协议	HTTP	FTP	…
SSL记录协议					
TCP					
IP					

图 2-36　SSL 协议层次

目前基于 SSL 协议开发的 SSL VPN 产品使用越来越广泛。与 IPSec VPN 相比，其突出的优点是用户只需要一个 Web 浏览器，而不用安装和配置额外的客户端软件。

6. SSL VPN 的工作原理

SSL VPN 就是采用 SSL 协议建立的一种远程安全接入技术。由于 SSL 协议内嵌于 Web 浏览器中，所以 SSL VPN 可以实现"无客户端"部署，使得远程安全接入非常方便且易于维护。SSL 协议包括 SSL 握手协议、SSL 记录协议和 SSL 告警协议。

1）SSL 握手协议

SSL 握手协议是客户端和服务器用 SSL 通信时使用的第一个协议，建立在可靠的传输层协议之上，允许客户端和服务器之间相互进行身份验证，协商 SSL 版本、密钥交换算法、加密算法、MAC（Message Authentication Code，消息认证码）算法和压缩方法等，并使用公钥技术生成数据加密的共享密钥。SSL 握手协议工作流程见图 2-37。

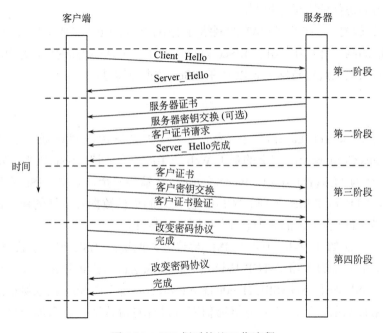

图 2-37　SSL 握手协议工作流程

SSL 握手协议要求对服务器进行认证，并可以选择对客户端进行认证。图 2-37 中描述的是客户端和服务器进行相互认证的握手协议工作流程。该流程可以分为以下四个阶段。

（1）第一阶段。

①Client_Hello，客户端发送 Client_Hello 消息，包括客户端支持的 SSL 版本号、客户端生成的用于生成主密钥的 32 字节随机数、会话 ID、客户端支持的密码套件（加密算法、密钥交换算法和 MAC 算法）列表和压缩算法列表。

②Server_Hello，服务器返回 Server_Hello 消息进行应答，包括服务器采用的本次通信 SSL 版本号、服务器生成的用于生成主密钥的 32 字节随机数、会话 ID、服务器采纳的本次通信的密码套件和压缩方法（从上一步客户端发送的密码套件和压缩算法列表中

选择一个)。请注意,若 SSL 服务器允许客户端在以后的通信中重用本次会话,则为本次会话分配会话 ID。主密钥由客户端和服务器的随机数共同生成。

第一阶段完成后,客户端和服务器确定了以下内容:①SSL 版本号;②用于生成主密钥的两个随机数;③密钥交换算法(RSA、Diffe-Hellman 等)、加密算法和 MAC 算法;④压缩算法(如果支持压缩)。

(2) 第二阶段。

服务器向客户端发送消息,包括:

①服务器证书,向客户端发送服务器证书。

②服务器密钥交换(可选),这是对上一步的补充,保证 SSL 握手过程能正常进行。本步骤在以下情况发生时需要:协商采用 RSA 加密,但发送的服务器证书中没有 RSA 公钥;协商采用 Diffe-Hellman 密钥交换,但服务器证书没有提供相关参数。

③客户证书请求,如要验证客户端身份时需要此步骤。

④Server_Hello 完成。通知客户端,版本号和加密套件协商结束。

(3) 第三阶段。

①客户证书,根据上一阶段服务器发送的客户证书请求消息,客户端返回客户证书证明自己的身份。

②客户密钥交换,将客户端生成的主密钥用服务器公钥加密后发送给服务器。请注意,本步骤完成后,客户和服务器都保存了主密钥,用于后续传输数据的加密。

③客户证书验证,让服务器验证客户端发送的客户证书。

(4) 第四阶段。

①改变密码协议,客户端通知 SSL 服务器后续报文采用协商的主密钥和密码套件进行加密和 MAC 运算。

②完成,验证协商的主密钥和密码套件。SSL 客户端计算已交互的握手消息(不包括上一步骤的改变密码协议消息)的哈希值,利用协商好的主密钥和密码套件,计算 MAC 值和加密等,发送给服务器;SSL 服务器采用同样的方法计算已交互消息的哈希值,与发送过来的消息进行比较,以验证主密钥和密码套件协商成功。

③改变密码协议,服务器通知 SSL 客户端后续报文采用协商的主密钥和密码套件进行加密和 MAC 运算。

④完成,验证协商的主密钥和密码套件。SSL 服务器计算已交互的握手消息(不包括上一步骤的改变密码协议消息)的哈希值,利用协商好的主密钥和密码套件,计算 MAC 值和加密等,发送给客户端;SSL 客户端采用同样的方法计算已交互消息的哈希值,与发送过来的消息进行比较,以验证主密钥和密码套件协商成功。

2) SSL 记录协议

在 SSL 握手协议完成后,客户端和服务器已协商成功了主密钥和密码套件。SSL 记录协议建立在 TCP 协议之上,提供保密性和完整性服务。保密性采用主密钥对数据加密来实现。完整性通过握手协议定义的 MAC 来实现。发送方把应用程序的消息分段成各数据块,进行压缩处理(若需要压缩),计算 MAC 值,将合成结果进行加密并传输。接收方接收数据后进行解密处理，验证 MAC 值，再对分段消息重组后返回应用程序。SSL 记录协议的工作过程如图 2-38 所示。

3）SSL 告警协议

SSL 告警协议用来向对方传递 SSL 的相关警告信息。如果在通信过程中某一方发现任何差错，就给对方发送一条警告。SSL 告警协议格式如图 2-39 所示。严重级别包括致命级（Fatal）报警和警告级（Warning）报警。告警代码包括收到不正确的 MAC 值、接收了错误报文、证书错误和握手过程失败等。

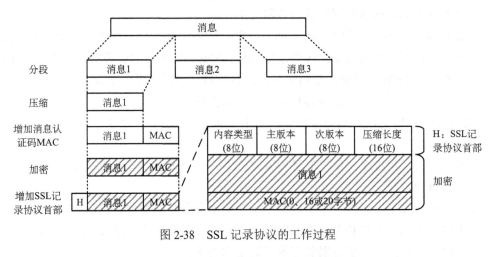

图 2-38　SSL 记录协议的工作过程

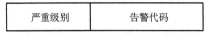

图 2-39　SSL 告警协议格式

7. SSL VPN 优点

SSL VPN 是以 SSL 协议为基础的 VPN 技术，利用 SSL 协议提供的基于证书的身份认证、数据加密和消息完整性验证机制，为用户远程访问公司内部网络提供了安全保证。SSL VPN 具有如下优点。

（1）支持多种应用层协议。因为 SSL 位于传输层和应用层之间，任何一个应用程序都可以透明使用 SSL VPN 提供的安全性，而不需考虑具体实现细节。

（2）支持多种软件平台。SSL 协议已嵌入绝大多数的浏览器中，任意一台装有浏览器的计算机都可以支持 SSL 连接，所以绝大多数的软件平台都可以作为 SSL VPN 的客户端。

（3）支持对客户端主机的安全检查。SSL VPN 可以对远程主机的安全状态进行评估，判断远程主机是否安全以及安全程度的高低。

（4）网络配置简单。SSL 协议工作在传输层 TCP 之上，不会改变 IP 首部和 TCP 首部，SSL 报文对 NAT 是透明的；SSL 协议固定采用 443 号端口，只需在防火墙上打开该端口，不需要针对不同的应用层协议来修改防火墙的配置。

2.4.4　防病毒网关

病毒是指能够影响计算机操作系统、应用程序和数据的保密性、完整性、可用性和可控性的计算机程序或代码，包括文件型病毒、蠕虫、木马程序、宏病毒、脚本病毒等恶意程序。防病毒网关(Antivirus Gateway)是一种部署于网络边界的网络设备，用以保护内网进出数据的安全，通过分析网络层和应用层的通信，根据预先定义的过滤规则和防护策略，实现对网络内病毒的防护，具有病毒检测、隔离、过滤阻断等功能。能够对多种应用层协议的数据进行病毒扫描，一旦发现病毒就会采取相应的手段进行隔离或查杀。

1. 防病毒网关工作模式

防病毒网关主要有以下几种工作模式。

(1)透明模式：也称网桥模式，防病毒网关以网桥的形式接入网络，不需要改变原有网络的拓扑结构。使用时不必重新设定和修改路由，无须配置网络地址。

(2)路由模式：防病毒网关相当于一台路由器，部署在网络边界处，需要配置连接外网、内网的 IP 地址，并配置相关的路由信息。

(3)代理模式：防病毒网关相当于一台代理服务器，需要为其配置一个网络地址，并重新配置内网各主机的代理服务器地址。

2. 防病毒网关功能

防病毒网关根据预先定义的过滤规则和防护策略，实现对病毒检测、隔离、过滤阻断等功能，同时具备自定义添加、修改和删除过滤策略，支持手动或自动方式升级病毒特征库、策略文件以及服务程序等，支持与其他安全产品的协同联动等功能。

防病毒网关能够支持对使用 HTTP、FTP、POP3、SMTP 和 IMAP 等应用层协议进行过滤，具备多种防护能力，包括静态病毒防护，即对静态非激活的各类病毒的防护；动态病毒防护，即对已激活病毒的防护；特殊格式病毒文件防护，如无口令保护的一层或多层 ZIP、RAR、TGZ 等压缩格式的病毒文件，以及加壳格式的病毒文件。

防病毒网关能根据防护策略对病毒文件进行检测和告警、准确阻断、隔离保存；能对病毒传播行为、过滤防护等提供报警功能；能对病毒传播行为、恶意 URL 访问、过滤防护等安全事件及时生成事件记录并进行存储。

3. 防病毒网关性能

防病毒网关性能主要包括 TCP 协议数据最大处理能力和 HTTP 协议数据最大处理能力。例如，国家标准《信息安全技术　防病毒网关安全技术要求和测试评价方法》(GB/T 35277—2017)中对防病毒网关增强级的性能要求如下。TCP 协议数据最大处理能力，如 1Gbit/s 带宽环境下最大并发连接数不小于 700000 个，最大新建连接数不小于 10000 个/s。

HTTP 协议数据最大处理能力视不同应用场景有所不同，如 1Gbit/s 带宽环境下无延迟 HTTP 请求响应处理能力：①长度为 44KB 的 HTTP 响应包，最大新建连接速率不小于 1500 个/s；②长度为 21KB 的 HTTP 响应包，最大新建连接速率不小于 2500 个/s；③长度为 10KB 的 HTTP 响应包，最大新建连接速率不小于 5000 个/s。

2.5 本 章 小 结

(1)OSI 参考模型采用了分层结构技术，把一个网络系统分成若干层，每一层都实现不同的功能，按功能划分的七个层次，从低到高依次为物理层、数据链路层、网络层、传输层、会话层、表示层和应用层。

(2)TCP/IP 模型分成四个层次，从低到高依次为网络接口层、网络层、传输层和应用层，每一层的功能由一个或多个协议实现。

(3)IP 协议提供不可靠的、无连接的、尽最大努力交付的数据包传输机制。IP 协议定义了数据传输所用的基本单元，规定了 IP 数据包的路由机制，定义了一组体现不可靠数据包交付思路的规则。

(4)TCP 协议是一种面向连接的、可靠的、基于字节流的传输层通信协议，主要特点：①在发送和接收时通过计算校验和保证数据传输的正确性；②采用超时重传和捎带确认机制，保证传输的可靠性；③采用滑动窗口协议，实现流量控制。

(5)路由器基于路由表，得到 IP 数据包的下一跳地址，实现数据包的转发。

(6)NAT 的实现方式有静态转换 NAT、动态转换 NAT 和端口地址转换(PAT)。使用 NAT，一方面可以解决 IP 地址紧缺问题，另一方面有利于提高网络的安全性。

(7)防火墙位于安全区域的边界，是对局部网络保护的第一道安全屏障。防火墙按实现技术主要分为静态包过滤防火墙、状态检测防火墙、应用代理防火墙和电路级代理防火墙。

(8)根据网络安全的需求和目的不同，防火墙可以形成包过滤防火墙、双宿主机防火墙、屏蔽主机防火墙和屏蔽子网防火墙等不同架构。

(9)对防火墙的性能评价主要包括吞吐量、延迟、连接速率和并发连接数等指标。

(10)入侵检测系统是指在信息系统和网络中，一种用于辨识某些已经尝试、正在发生或已经发生的入侵行为，并可对其做出响应的技术系统。

(11)入侵检测技术主要分为误用检测技术和异常检测技术。根据检测的数据来源不同，可以分为基于主机的入侵检测系统和基于网络的入侵检测系统。

(12)VPN 是指一种在公共通信基础网络上通过逻辑方式隔离出来的网络。实现 VPN 的方式有多种，常见的有 IPSec VPN 和 SSL VPN 等。

(13)防病毒网关是部署于网络边界，通过分析网络层和应用层的通信，根据预先定义的过滤规则和防护策略，实现对网络内病毒的防护。

习 题

1. 简述 OSI 参考模型的层次结构及各层的主要功能。

2. 简述 TCP/IP 模型的层次结构及各层的主要功能。

3. 给定一个 C 类网络地址 192.168.100.0，需要划分 4 个子网，使每个子网能够容纳较多的主机数，计算 4 个子网的地址、子网掩码、子网中主机 IP 地址的范围。

4. 给定一个 C 类网络地址 192.168.100.0，需要划分 4 个子网，每个子网容纳的主机数分别为 60、30、20、20，计算 4 个子网的地址、子网掩码、子网中主机 IP 地址的范围。

5. 设某路由器建立了如下路由表：

目的网络地址	子网掩码	下一跳地址	接口
128.69.39.0	255.255.255.128	—	f0
128.69.39.128	255.255.255.128	—	f1
128.69.40.0	255.255.255.128	128.69.39.2	f0
192.4.153.0	255.255.255.192	128.69.39.3	f0
0.0.0.0	0.0.0.0	128.69.39.4	f0

现收到 5 个 IP 数据包，其目的地址分别为：①128.69.39.10；②128.69.40.12；③128.69.40.151；④192.4.153.17；⑤192.4.153.90。

试分别计算其下一跳地址。

6. TCP 协议传输数据前进行三次握手的主要作用是什么？

7. 采用 TCP 协议传输数据时，首先要通过三次握手建立连接，在连接建立后，主机 A 向主机 B 连续发送了两个 TCP 报文段，其序号分别是 170 和 200。试问：

(1)第一个报文段携带了多少字节的数据？

(2)主机 B 收到第一个报文段后，发回的确认报文中的确认号应当是多少？

(3)如果主机 B 收到第二个报文段后，发回的确认报文中的确认号是 280，那么主机 A 发送的第二个报文段中的数据有多少字节？

(4)如果 A 发送的第一个报文段丢失了，但第二个报文段到达了 B，B 在第二个报文段到达后向 A 发送确认，那么这个确认号应为多少？

8. 简述常用的网络拓扑结构及其优缺点。

9. 简述静态包过滤防火墙、状态检测防火墙、应用代理防火墙和电路级代理防火墙的工作原理。

10. 简述状态检测防火墙的优缺点。

11. 简述防火墙的架构及其优缺点。

12. 简述异常检测技术和误用检测技术的优缺点。

13. 简述 HIDS 和 NIDS 的优缺点。哪些场合更适合 HIDS？

14. 简述 IDS 与 IPS 的区别。

15. 简述 SSL VPN 与 IPSec VPN 的区别。

16. 简述防病毒网关的主要功能。

第 3 章　安全体系设计

3.1　安　全　术　语

3.1.1　资产

资产(Asset)是对组织机构具有价值的任何东西,包括支持设施、硬件资产、软件资产、信息资产、服务能力、人员和无形资产等。例如,建筑物、供电、供水和空调等的支持设施;计算机(服务器、台式机、笔记本电脑)、网络设备(路由器、交换机、网关)、存储设备(磁盘阵列、磁带机、光盘、移动硬盘)、传输线路(光纤、双绞线)、安全设备(防火墙、入侵检测系统、VPN)和保障设备(UPS、保险柜、门禁)等硬件资产;系统软件(操作系统、数据库管理系统)、应用软件(办公软件、开发工具、实用程序)和源程序(共享源代码、开发代码)等软件资产;数据文档、系统文档、用户手册和操作规程等信息资产;信息服务、网络服务和办公服务等服务资产;掌握重要信息和核心业务的人员;企业形象、客户关系等无形资产。

3.1.2　脆弱性

脆弱性(Vulnerability)是资产中能被威胁所利用的弱点。它是网络安全事件的根源,脆弱性可以按物理环境、网络结构、系统软硬件和管理等进行分类。例如,机房场地选择、供电、静电、火灾、电磁辐射和设备管理等物理环境脆弱性;网络拓扑结构、网络传输、网络设备安全漏洞、边界保护、内外部访问控制策略、网络设备安全配置等网络结构脆弱性;物理保护、补丁安装、系统配置、口令策略、访问控制、安全漏洞、备份恢复机制和审计机制等系统软硬件脆弱性;物理环境安全、通信和操作管理、物理访问控制、系统开发与维护、业务连续性、安全策略、人员安全等管理脆弱性。

3.1.3　威胁

威胁(Threat)是对资产或组织机构可能导致负面结果的一个事件的潜在源。信息系统所面临的威胁来自多个方面,并且随着时间的变化而变化。威胁可以宏观地分为自然威胁和人为威胁两大类。

自然威胁:可能来自各种自然灾害、恶劣的场地环境、设备故障和自然老化等。这些无目的的事件,有时会直接威胁信息系统安全,而且无法准确知道什么时候会发生这种威胁。例如,洪灾、地震、暴风雨、潮汐等自然灾害的威胁;断电、静电、灰尘、潮湿、温度、火灾、电磁辐射和电磁干扰等场地环境的威胁;设备硬件故障、系统软件故障、应用软件故障、存储介质故障和开发环境故障等威胁。

人为威胁:一般可以分为敌意威胁和非敌意威胁。

（1）敌意威胁：具有一定的目的、动机和企图。潜在的威胁可能来自恐怖分子、心理不平衡的人、单独的犯罪分子、有组织的犯罪分子、与外敌勾结的内部人员、对本机构不满意且心理不平衡的内部人员以及潜伏在组织机构内部的间谍或犯罪分子等。敌意威胁实施的方式包括物理攻击、网络攻击、越权或滥用资源、篡改数据和配置、发布恶意代码等。例如，物理破坏、盗窃、内部员工蓄意破坏等物理攻击；网络探测和信息采集、漏洞探测、嗅探口令、用户或业务数据的窃取和破坏、破坏系统运行、拒绝服务攻击等网络攻击；非授权访问系统资源或网络资源、滥用权限非正常修改系统配置或数据、滥用权限泄露秘密信息、非授权使用存储介质等越权或滥用资源；篡改系统配置信息、网络配置信息、安全配置信息、用户身份信息或业务数据信息等；发布恶意代码(病毒、蠕虫、木马、间谍软件、窃听软件、携带恶意软件的垃圾邮件)。

（2）非敌意威胁：没有恶意的目的、动机和企图，但实际在一定程度上造成危害的能力，有时这些危害甚至超越了敌意威胁带来的危害。潜在的非敌意威胁可能来自不熟练的系统使用者和维护者。例如，操作失误、维护错误、提供错误指南或操作信息等操作类失误；管理制度和策略不完善、管理规程缺失、职责不明确、监督管理控制机制不健全等管理不到位。

3.1.4 攻击

在信息系统中，攻击(Attack)就是对系统或信息进行破坏、泄露、更改或使其丧失功能的尝试，包括窃取数据。实施攻击的人称为攻击者。攻击者是指故意利用资产的安全脆弱性，以窃取或泄露系统信息或网络资源，或危及系统信息或网络资源可用性的任何人。攻击潜力是成功实施一次攻击或将要发起一次攻击的潜在能力，用攻击者的专业水平、资源和动机来表示。

美国国家安全局发布的信息保障技术框架中定义了五种攻击类型。

1. 被动攻击

被动攻击(Passive Attack)包括流量分析、监控不受保护的通信、解密弱加密的流量和捕获身份验证信息(如口令)。对网络操作的被动拦截可以为对手提供即将发生的行动的指示和警告。被动攻击会导致信息或数据文件在未经用户同意或知情的情况下泄露给攻击者。例如，信用卡号码和医疗档案等个人信息的泄露。

抵抗被动攻击的常用对策包括使用 VPN 和加密被保护网络。

2. 主动攻击

主动攻击(Active Attack)包括企图避开或打破安全防护、引入恶意代码(如计算机病毒)以及破坏数据或系统的完整性。常见的主动攻击方式如修改传输中的数据、重放、会话拦截、拒绝服务攻击等。

抵抗主动攻击的常用对策包括增强边界保护(如防火墙)、实现基于身份认证的访问控制、安装病毒检测工具、加强审计和入侵检测等。

3. 临近攻击

临近攻击(Close-in Attack)包括未授权者物理上接近网络、系统或设备,目的是修改、收集或拒绝访问信息。常见的临近攻击方式如攻击者获得物理访问权后修改或窃取信息,干涉系统的运行或进行物理破坏等。

抵抗临近攻击的常用对策包括增强物理访问控制等。

4. 内部人员攻击

内部人员攻击(Insider Attack)可以是恶意的,也可以是非恶意的。恶意内部人员攻击包括窃听、窃取或破坏信息,以欺诈方式使用信息或拒绝其他授权用户访问。非恶意攻击通常由粗心大意、缺乏知识或出于完成工作等非恶意原因而故意绕过安全机制所造成。

内部人员熟悉信息系统的布局、有价值的数据、已采用的安全防御系统等,因此恶意内部人员攻击常常难于检测和防范。美国联邦调查局的评估显示80%的攻击和入侵来自组织机构内部人员。

抵抗内部人员攻击的常用对策包括增强安全意识和训练、实现人员身份鉴别和访问控制、加强审计和入侵检测等。

5. 分发攻击

分发攻击(Distribution Attack)主要针对工厂或分发过程中对硬件或软件的恶意修改。这些攻击可以在产品中引入恶意代码,例如后门,以便在以后获得对信息或系统功能的未经授权的访问。常见的分发攻击方式如在制造商的设备上修改软/硬件、在产品分发时修改软/硬件等。

抵抗分发攻击的常用对策包括受控分发等。

3.1.5　风险

风险(Risk)是一个给定的威胁,利用一项资产或多项资产的脆弱性,对组织机构造成损害的潜能。可通过事件的概率及其后果进行度量。

风险接受是一种管理性的决定,该决定通常根据技术或成本因素,接受某种程度的风险。剩余风险是在实现防护措施之后仍然存在的风险。

3.1.6　安全机制

安全机制(Security Mechanism)是实现安全功能,提供安全服务的一组有机组合的基本方法。主要的安全机制包括加密机制、数字签名机制、访问控制机制、数据完整性机制、认证交换机制、流量填充机制、路由控制机制和公证机制等。

(1)加密机制:提供对数据或信息流的保密,有对称和非对称两种加密机制,依赖于现代密码学理论,一般来说加解密算法是公开的,加密的安全性主要依赖于密钥的安全性和强度。

(2)数字签名机制：数字签名是附加在数据单元上的数据，或对数据单元所做的密码变换，这种数据或变换允许数据单元的接收者用以确认数据单元的来源和完整性，并保护数据防止被伪造或抵赖。数字签名机制是保证数据完整性及不可否认性的一种重要手段，在网络应用中的作用越来越重要。

(3)访问控制机制：使用实体已鉴别的身份、有关该实体的信息或权力来确定并实施对该实体的访问权。当实体企图使用非授权资源或以不正确方式使用授权资源时，访问控制机制将拒绝这种企图，并可能产生事件报警或记录，作为安全审计跟踪的一部分。

(4)数据完整性机制：用于保护数据免受未经授权的修改，该机制可以通过使用一种单向的不可逆函数——哈希函数来计算出消息摘要，并对消息摘要进行数字签名来实现。破坏数据完整性的主要因素有数据在信道中传输时受信道干扰影响而产生错误、数据在传输和存储过程中被非法入侵者篡改、计算机病毒对程序和数据的传染等。

(5)认证交换机制：通过实体交换来保证实体身份的各种机制。在计算机网络中认证主要有用户认证、消息认证、站点认证和进程认证等，可用于认证的方法有已知信息(如口令)、共享密钥、数字签名、生物特征(如指纹)等。

(6)流量填充机制：针对网络流量进行分析的攻击。有时攻击者通过对通信双方的数据流量的变化进行分析，根据流量的变化来推出一些有用的信息或线索。这种机制只有在流量填充受到机密性保护时才是有效的。在无正常数据传送时，持续传送一些随机数据，使攻击者不知道哪些数据是有用的，哪些数据是无用的，从而挫败攻击者的数据流分析。

(7)路由控制机制：能够为某些数据动态或预定选取路由，确保只使用物理上安全的网络、中继或链路。在大型网络中，从源点到终点往往存在多条路径，其中有些路径是安全的，有些路径是不安全的，路由控制机制可根据信息发送者的申请选择安全路径，以确保数据安全。

(8)公证机制：由通信各方都信任的第三方提供，确保两个或多个实体之间数据通信的特征，包括数据的完整性、源点、终点及收发时间等。公证机制提供服务还使用到数字签名、加密和完整性服务。

3.2　信息系统及信息系统安全

3.2.1　信息系统

信息系统是由计算机或者其他信息终端及相关设备组成的按照一定的规则和程序对信息进行收集、存储、传输、交换、处理的系统。信息系统中的信息也常称为数据，或数据信息。

一个信息系统可能由多个计算机系统及其连接的网络和在其上运行的业务应用系统组成，可以包含多个操作系统、多个数据库系统以及多个独立的网络产品构成的复杂网络系统。其中，操作系统的安全、数据库系统的安全、网络的安全、业务应用系统的安全以及独立网络产品的安全，都可以单独作为一个独立的安全成分看待，只是复杂程度不同。

3.2.2 信息系统安全

信息系统安全就是信息系统及其所存储、传输和处理的信息的保密性、完整性和可用性的表征。信息系统安全通常以子系统的形式体现。因此，具有一定安全性的信息系统由信息系统和信息系统安全子系统共同组成。在网络环境下，一个信息系统安全子系统可能跨网络实现，构成一个物理上分散、逻辑上统一的分布式信息系统安全子系统。一个信息系统安全子系统可以包含多个安全功能模块，每个安全功能模块都是在一定硬件基础上通过软件实现确定的一个或多个安全功能策略并提供所要求的附加服务。安全功能模块主要有两种实现方法，一种是设置前端过滤器，另一种是设置访问监控器（Reference Monitor）。信息系统安全子系统的安全策略是安全功能策略的总称，构成一个安全区域，以防止不可信主体的干扰和篡改。

一个信息系统安全子系统也常称为信息安全系统，对一个信息系统安全子系统的设计也常称为信息安全系统设计或信息系统安全设计。

3.2.3 数据信息分类保护

对信息系统中任何资产的保护，都可以归结为对数据信息的保护。信息系统资产的价值完全可以由信息系统中数据信息的价值充分体现。信息系统在各个领域的应用，都是通过信息起作用的。也就是说，只有确保数据信息安全，信息系统的各种应用才能得到应有的保证。

按数据信息分类，进行分区域分等级保护的思想，就是对信息系统中所存储、传输和处理的数据信息，按其风险程度进行分类，并在此基础上对不同类的数据信息，按照适度保护和剩余风险可接受原则划分区域进行不同安全等级的保护。这样，既可以解决大规模复杂系统难以实现整体高级别保护的问题，又可以以适当的投入使需要重点保护的数据信息得到应有的安全保护。

按照数据信息分类保护的思想，根据《关于信息安全等级保护工作的实施意见》（公通字[2004]66号），从国家安全考虑，将信息系统中所存储、传输和处理的数据信息分为以下五类，并将每一类数据信息的保护对应于相应的安全保护等级，如表3-1所示。请注意，在确定数据信息分类时，除了要求考虑国家安全外，还应考虑组织机构自身的安全要求。

为了简化描述，数据信息分类与安全保护等级完全对应。例如，第三类数据信息对应于安全保护等级第三级。

对于一个复杂的信息系统，按照信息系统中数据信息的分类，可以分为多个信息类，每一类数据信息可以对应一个安全区域，并有相应的安全策略。也就是说，一个复杂的信息系统可以划分为多个安全区域,每一个安全区域对应一个相应安全保护等级的系统。

表 3-1　数据信息分类

数据信息分类	该类数据信息受到破坏后的影响范围		安全保护等级
	对公民、法人和其他组织的权益	国家安全、社会秩序、经济建设和公共利益	
第一类	一定影响	无损害	第一级
第二类		一定损害	第二级
第三类		较大损害	第三级
第四类		严重损害	第四级
第五类		特别严重损害	第五级

3.2.4　定级系统

定级系统就是已确定安全保护等级的信息系统。按照国家标准《信息安全技术 网络安全等级保护定级指南》(GB/T 22240—2020)，定级系统分为第一级、第二级、第三级、第四级和第五级信息系统。

在网络安全等级保护工作中，由于业务目标的不同、使用技术的不同、应用场景的不同等，不同的定级系统会以不同的形态出现，表现形式可能称为基础信息网络、信息系统、云计算平台/系统、大数据平台/系统、物联网、工业控制系统等。但是，从概念上讲，这些也都属于广义的信息系统。

3.3　信息系统安全体系设计中的相关因素

信息系统安全体系设计过程中主要涉及安全风险、安全需求和安全措施等因素。

(1)安全风险：根据风险评估确定的信息系统或安全区域所具有的风险程度，通常用风险等级表示。

(2)安全需求：根据安全风险产生的对信息系统或安全区域的安全要求。

(3)安全措施：根据安全需求产生的为确保信息系统或安全区域达到应有的安全目标而采取的措施，包括安全技术措施和安全管理措施。

图 3-1 描述了信息系统安全体系设计中安全风险、安全需求和安全措施等各因素之间的相互关系。

3.3.1　安全风险

在图 3-1 中，通过对信息系统的风险评估确定安全风险。风险评估是依据国家有关信息安全技术标准，对信息系统及由其处理、传输和存储的信息的保密性、完整性和可用性等安全属性进行科学评价的过程，要评估信息系统的脆弱性、面临的威胁以及脆弱性被威胁利用后所产生的实际负面影响，并根据安全事件发生的可能性和负面影响的程度来识别信息系统的安全风险。风险评估是信息安全保障体系建立过程中重要的评价方法和决策机制。没有准确及时的风险评估，组织机构无法对其信息系统的安全状况做出准确判断。

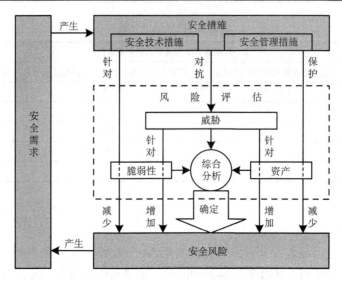

图 3-1　信息系统安全体系设计中的相关因素及其关系

风险评估包括风险识别、风险分析和风险评价三个步骤。风险识别是通过识别风险源、影响范围、事件及其原因和潜在的后果等，生成一个全面的风险列表；风险分析是根据风险类型、获得的信息和风险评估结果的使用目的，对识别出的风险进行定性和定量的分析，为风险评价和风险应对提供支持；风险评价将风险分析的结果与组织机构的风险准则进行比较，或者在各种风险的分析结果之间进行比较，确定风险等级，以便做出风险应对的决策。如果该风险是新识别的风险，应当制定相应的风险准则，以便评价该风险。

信息系统安全设计从风险评估开始，采用风险分析方法，评估信息系统的资产价值、所面临的威胁以及自身安全脆弱性；通过对资产价值、威胁和脆弱性的综合分析，确定信息系统安全程度的等级。其中，威胁针对资产和脆弱性可增加安全风险。同样的资产价值，威胁越大安全风险就越大；同样的脆弱性，威胁越大安全风险就越大。同样的威胁，资产价值越大安全风险就越大；脆弱性越大安全风险就越大。一般地，对于一个信息系统，资产价值通过评估是确定的，脆弱性通过评估是客观存在的，威胁则与信息系统所处的环境和条件有关。

3.3.2　安全需求

由安全风险产生安全需求是信息系统安全体系设计的一个重要环节。根据安全风险，确定信息系统需要从哪些层次和方面进行安全保护，包括计算环境(系统、应用、内部网络)、区域边界和通信网络等。

风险评估是确定信息系统安全需求的基本方法。通过对信息系统资产价值、所受威胁以及脆弱性的评估，经综合分析，确定信息系统的风险程度。可以用定性的或定量的方法进行风险分析。

3.3.3　安全措施

安全措施是对付威胁，减少脆弱性，保护资产，限制意外事件的影响，检测、响应意外事件，促进灾难恢复和打击信息犯罪而实施的各种实践、规程和机制的总称。安全措施可以分为预防性安全措施和保护性安全措施。预防性安全措施可以降低威胁发生的可能性和减少脆弱性，如制订业务持续性计划等；保护性安全措施可以减少因威胁发生所造成的影响，如购买商业保险等。安全措施也可以分为安全技术措施和安全管理措施。

由安全需求产生安全措施是信息系统安全设计的又一重要环节，也就是要为信息系统设计一个安全方案。根据安全需求，确定信息系统应采取哪些具体的安全措施来达到安全要求。从总体上讲，这些安全措施应对抗威胁，同时又针对脆弱性和通过对资产的保护减少安全风险。

在增加新的安全措施以后，从整体上讲只是对信息系统的脆弱性有所改变，当然，环境和条件方面的措施也会使威胁产生改变。在此基础上，需要重新进行风险评估，确定在采取安全措施以后，信息系统所具有的安全风险，并根据剩余风险可接受原则，调整安全措施，使信息系统达到要求的安全体系设计目标。

另外，通过风险评估，一个组织机构应对已采取的安全措施进行识别并确认已采取措施的有效性，继续保持有效的安全措施，避免不必要的工作和费用，防止安全措施的重复实施。对于确认为不适当的安全措施应核查是否应被取消，或者用更合适的安全措施来代替。

3.3.4　风险、需求和措施的关系

信息系统安全需求和据此实施的安全措施应尽可能地对抗所预见的安全风险。一般地，增加信息安全方面的资金投入，可以增加安全措施，从而降低信息系统的安全风险，提高信息系统的安全性。但信息系统的零风险是不存在的，如何达到"风险-安全-投资"的平衡关系，在一定的信息安全资金投入下，为信息系统提供有效的安全服务，保证信息系统安全运行？

平衡"风险-安全-投资"三者之间的关系，可以参考以下两个方面。

(1)把风险降低到可以接受的程度。

(2)攻击信息系统(如非法获取或修改数据)所花的代价大于入侵信息系统后所获得的信息系统资产的价值。

信息系统的脆弱性是产生安全风险的内因，威胁和攻击是产生安全风险的外因。人们对安全风险有一个认识过程，一般地，安全需求总是滞后于安全风险的发生。

零风险永远是追求的极限目标，所以信息系统安全体系的成功标志是风险的最小化、收敛性和可控性，而不是零风险。

3.4　安全需求分析

安全需求是信息系统安全体系设计的基本依据，分等级保护是实现信息系统安全保护的有效方法。两者都是按照网络安全等级保护要求进行信息系统安全体系设计的基础和前提。

确定以数据信息保护为核心的安全需求，就是以数据信息分类保护为基础，把数据信息分类保护与等级保护要求相结合，形成按等级保护要求设计信息系统安全体系的安全需求。

采用等级化信息系统安全体系设计方法，按照分等级保护的要求，进行信息系统安全体系设计，其基本步骤如下。

(1)数据信息分类。依据数据信息资产作为信息系统主要资产，采用风险分析方法，对信息系统中所存储、传输和处理的数据信息按价值进行分类，并确定各类数据信息的安全风险。

(2)数据分布。依据各类数据信息的安全风险确定各自的安全需求，按照同类数据信息尽可能相对集中的原则，对信息系统中存储、传输和处理的数据信息进行合理分布。

(3)划分安全区域。依据各类数据信息在信息系统中的分布情况，划分并确定安全区域及其安全等级。

(4)确定系统安全等级。依据系统中安全区域的安全等级，确定信息系统的安全等级，如果信息系统的所有安全区域具有相同的安全等级，则信息系统具有该安全等级；如果信息系统中具有多个安全等级的安全区域，则将安全区域的最高安全等级确定为信息系统的安全等级。

(5)信息系统安全设计。采用分安全区域、分层进行信息系统安全体系设计。

信息系统安全需求可以分为基本安全需求和特殊安全需求。

3.4.1　安全等级确定

按照网络安全等级保护制度的要求以及信息系统安全管理的需要，确定信息系统安全等级成为等级化信息系统安全体系设计的一项重要内容。该安全等级既是对信息系统进行设计、实现、测试与评估的依据，也是对信息系统进行运行控制和监督检查管理的依据。

在网络安全等级保护工作中，定级系统根据其在国家安全、经济建设、社会生活中的重要程度，遭到破坏后对国家安全、社会秩序、公共利益以及公民、法人和其他组织的合法权益的危害程度等，由低到高划分为五个安全保护等级。

不同级别的定级系统具备的基本安全保护能力见表3-2。

请注意，对于非定级的信息系统，可以参考等级保护制度中各等级系统的要求，进行安全需求分析。

表 3-2　不同定级系统的安全保护能力和系统恢复能力

等级	安全保护能力	系统恢复能力
第一级	能够防护免受来自个人的、拥有很少资源的威胁源发起的恶意攻击、一般的自然灾难，以及其他相当危害程度的威胁所造成的关键资源损害	能够恢复部分功能
第二级	能够防护免受来自外部小型组织的、拥有少量资源的威胁源发起的恶意攻击、一般的自然灾难，以及其他相当危害程度的威胁所造成的重要资源损害，能够发现重要的安全漏洞和处置安全事件	能够在一段时间内恢复部分功能
第三级	能够在统一安全策略下防护免受来自外部有组织的团体、拥有较为丰富资源的威胁源发起的恶意攻击、较为严重的自然灾难，以及其他相当危害程度的威胁所造成的主要资源损害，能够及时发现、监测攻击行为和处置安全事件	能够较快恢复绝大部分功能
第四级	能够在统一安全策略下防护免受来自国家级别的、敌对组织的、拥有丰富资源的威胁源发起的恶意攻击、严重的自然灾难，以及其他相当危害程度的威胁所造成的资源损害，能够及时发现、监测发现攻击行为和安全事件	能够迅速恢复所有功能
第五级	略	

3.4.2　基本安全需求

　　首先，通过调查或查阅资料等方式，了解定级系统的业务应用、业务流程等情况，明确不同等级的定级系统的范围和边界；其次，从网络安全等级保护基本要求(GB/T 22239—2019)、行业基本要求中，根据各个定级系统的安全保护等级选择相应等级的要求，形成基本安全需求；另外，对于已建的定级系统，根据等级测评结果分析整改需求，形成基本安全需求。

　　例如，对于符合等级保护三级要求的信息系统，其基本安全需求从以下方面进行分析。

　　(1)安全物理环境：物理位置选择、物理访问控制、防盗窃和防破坏、防雷击、防火、防水和防潮、防静电、温湿度控制、电力供应、电磁防护等。

　　(2)安全计算环境：身份鉴别、访问控制、安全审计、入侵防范、恶意代码防范、可信验证、数据完整性、数据保密性、数据备份恢复、剩余信息保护、个人信息保护等。

　　(3)安全区域边界：边界防护、访问控制、入侵防范、恶意代码和垃圾邮件防范、安全审计、可信验证等。

　　(4)安全通信网络：网络架构、通信传输、可信验证等。

　　(5)安全管理中心：系统管理、审计管理、安全管理、集中管控等。

　　另外，安全需求一般还来自法律法规、合同条约的要求和组织机构自身的安全要求。

　　(1)法律法规、合同条约的要求。在安全需求中，与信息安全相关的法律法规是对组织机构的强制性要求，应识别现有的法律法规，将适用于组织机构的法律法规转化为安全需求。这里的法律法规包括国家法律、行政法规及各部委和地方的规章及规范性文件等。此外，安全需求中还要考虑商务合作方和客户对组织机构提出的信息安全要求，可能包含在合同条约、招标文件和承诺中。例如，合同中可能明确要求组织机构的信息安全管理水平达到国家标准《信息技术　安全技术　信息安全管理体系　要求》(GB/T 22080—2016)的认证。

(2)组织机构自身的信息安全要求。根据组织机构既定的信息安全策略、安全目标来确定组织机构的信息安全要求,确保支持业务运作的信息处理活动的安全性。

3.4.3　特殊安全需求

对于某些定级系统,通过分析重要资产的特殊安全保护要求,采用需求分析或风险分析的方法,确定可能的安全风险,判断实施特殊安全措施的必要性,提出系统的特殊安全需求。也可以采用下面的步骤,确定特殊安全需求。

(1)重要资产分析:明确定级系统中的重要部件,如边界设备、网关设备、核心网络设备、重要服务器、重要应用系统等。

(2)重要资产脆弱性评估:检查或判断重要部件可能存在的脆弱性,包括技术和管理方面,分析脆弱性被利用的可能性。

(3)重要资产威胁评估:分析和判断重要部件可能面临的威胁,包括外部威胁、内部威胁,评估威胁发生的可能性。

(4)综合风险分析:分析威胁利用脆弱性可能产生的结果、结果产生的可能性、结果造成的损害或影响大小,以及避免上述结果产生的可能性、必要性和经济性。按照重要资产的排序和风险的排序确定安全保护的要求。

3.5　设计目标和原则

3.5.1　设计目标

针对所要保护的信息系统,假设信息系统的攻击者及其攻击的目的、技术手段和造成的后果,分析信息系统所受到的已知的、可能的各种威胁,进行信息系统的安全风险分析,并形成信息系统的安全需求。安全需求和据此制定的安全策略尽可能地抵抗所预见的安全风险。信息系统安全体系的设计目标就是从技术和管理上保证安全策略完整准确地得到实现,安全需求全面准确地得到满足。

3.5.2　设计原则

信息系统安全体系的设计应遵循以下原则:最小权限原则、纵深防御原则、防御多样性原则、防御整体性原则、安全性与代价平衡原则、标准化与一致性原则、等级性原则。

(1)最小权限原则:任何对象应该只具有该对象完成其指定任务所必需的权限,限定权限使用的范围、空间、时间等,减少系统的攻击面,进而减少因攻击所造成的损失。

(2)纵深防御原则:所设计的系统应是一个多层安全系统以避免单点失效,通过部署具有多重的防御系统,当其中的一个系统被攻破之后,后续还有其他的防御系统来保障系统的安全。

(3)防御多样性原则：结合多种不同的安全产品来共同保证系统的安全，避免系统仅使用单一的安全措施和服务来保障系统的安全。例如，在防御层面，可以部署防火墙、IDS、蜜罐等手段保护系统安全。

(4)防御整体性原则：在信息系统各个点上部署安全防御措施，避免出现安全的木桶效应；在信息系统被攻击时，必须尽可能地快速恢复系统运行，减少损失。信息系统安全体系应包括防护机制、检测机制和响应机制。防护机制是根据系统存在的各种安全威胁采取的相应防护措施，避免非法攻击；检测机制是检测系统的运行情况，及时发现和制止对系统进行的各种攻击；响应机制是在防护机制失效的情况下进行应急处理。

(5)安全性与代价平衡原则：任何信息系统的绝对安全难以达到，也不一定必要，需要建立合理的安全性与用户需求代价的平衡。安全体系设计要正确处理需求、风险与代价的关系，做到安全性与可用性相容，做到组织机构上可执行。评价信息安全没有绝对的评判标准和衡量指标，只能取决于系统的用户需求和具体的应用环境、系统的规模和范围，以及系统的性质和信息的重要程度。

(6)标准化与一致性原则：安全体系设计是一个复杂的系统工程，涉及人员、技术、操作等要素，单靠技术或单靠管理都不可能实现。因此，必须将各种安全技术与运行管理机制、人员思想教育与技术培训、安全规章制度建设相结合。

(7)等级性原则：根据不同的情况设置不同的安全层次和安全等级。良好的信息安全系统必然分为不同的等级，包括信息系统分等级保护、对信息保密程度分等级、对用户操作权限分等级、对系统实现结构分等级。

请注意，由于政策规定、服务需求的不明确，环境、条件、时间的变化，攻击手段的进步，安全防护不可能一步到位，可在一个比较全面的安全规划下，根据系统的实际需要，先建立基本的安全体系，保证基本的、必需的安全性。随着系统规模的扩大、应用的增加、应用复杂程度的变化，系统脆弱性也会不断增加，调整或增强安全防护力度以保证整个信息系统最根本的安全需求。

3.6 信息系统安全体系设计

信息系统安全体系设计包括总体安全方案设计和详细安全方案设计两部分。

3.6.1 总体安全方案设计

总体安全方案设计包括总体安全策略设计、安全技术体系结构设计和安全管理体系结构设计。

1. 总体安全策略设计

总体安全策略设计需要形成组织机构纲领性的安全策略文件，包括确定安全策略、制定安全策略，进一步结合等级保护基本要求系列标准、行业基本要求和安全保护特殊要求，构建组织机构定级系统的安全技术体系结构和安全管理体系结构。对于新建的定级系统，需要在立项时就明确其安全保护等级，并按照相应的保护等级要求进行总体安全策略设计。

(1)确定安全策略：形成组织机构最高层次的安全策略文件，明确安全工作的使命和意愿，定义网络安全的总体目标，规定网络安全责任机构和职责，建立安全工作运行模式等。

(2)制定安全策略：形成组织机构高层次的安全策略文件，描述安全工作的主要策略，包括安全组织机构划分策略、业务系统分级策略、数据信息分级策略、各定级系统互联策略、信息流控制策略等。

2. 安全技术体系结构设计

根据等级保护基本要求、行业基本要求、安全需求分析报告、组织机构总体安全策略文件等，提出系统需要实现的安全技术措施，形成组织机构特定的系统安全技术体系结构，便于指导系统分等级保护的具体实现。

图 3-2 给出了安全技术体系结构，由从外到内的纵深防御体系构成。

(1)安全物理环境：保护服务器、网络设备以及其他设备设施免遭地震、火灾、水灾、盗窃等事故导致的破坏。

(2)安全计算环境：保护计算环境安全，计算环境包括定级系统内部网络平台、系统平台、业务应用和数据。

(3)安全区域边界：实施边界安全防护，组织机构内部不同级别定级系统尽量分别部署在相应保护等级的内部安全区域。

(4)安全通信网络：保护暴露于外部的通信线路和通信设备。

(5)安全管理中心：对整个组织机构的各定级系统实施统一的安全技术管理。

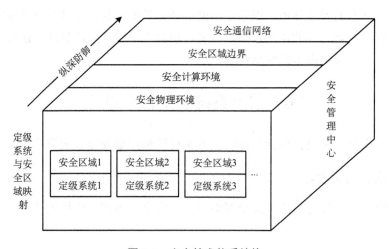

图 3-2　安全技术体系结构

请注意，在安全技术体系结构设计中，遵循"就高保护"原则，如果不同的定级系统共享同一个物理环境(通信网络、区域边界、计算环境)，则物理环境(通信网络、区域边界、计算环境)的安全保护策略和安全技术措施应满足最高级别定级系统的等级保护基本要求。

3. 安全管理体系结构设计

根据等级保护基本要求、行业基本要求、安全需求分析报告、组织机构总体安全策略文件等，从全局高度考虑为每个等级的定级系统制定统一的安全管理策略。另外，还要考虑每个定级系统的实际需求，选择和调整具体的安全管理措施，最后形成统一的整体安全管理体系结构。

组织机构内的安全管理体系框架分为四层，如图 3-3 所示。其中，第一层总体方针、安全策略明确组织机构网络安全工作的总体目标、范围、原则等；第二层对网络安全活动中的各类内容建立管理制度，约束网络安全相关行为；第三层对管理人员或操作人员执行的日常管理行为建立技术标准和操作规程，规范网络安全管理制度的具体技术实现细节；第四层记录和表单，网络安全管理制度和操作规程实施时需填写和保留相关表单及操作记录。

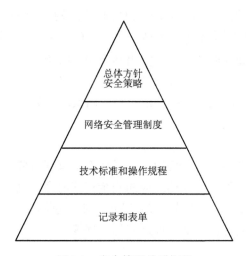

图 3-3　安全管理体系框架

通过规定网络安全的组织管理体系和不同级别定级系统的安全管理职责，制定出组织机构的安全组织管理机构框架，分配不同级别定级系统的安全管理职责，制定安全管理策略，包括人员安全管理策略、机房及办公区等物理环境的安全管理策略、介质和设备等的安全管理策略、运行安全管理策略、安全事件处置和应急管理策略等，最终形成等级保护系统的整体安全管理体系结构。

3.6.2　详细安全方案设计

组织机构系统安全建设详细安全方案设计主要包括建设目标和建设内容、技术实现方案、网络安全产品或组件安全功能及性能要求、网络安全产品或组件部署、安全控制策略和配置、配套的安全管理建设内容、工程实施计划和项目投资概算。

1. 技术措施设计

根据建设目标和建设内容将系统总体安全方案中要求实现的安全策略、安全技术体系结构、安全措施落实到产品功能或物理形态上，提出能够实现的产品或组件及其具体规范，并将产品功能特征整理成文档，使得在网络安全产品采购和安全控制的开发阶段具有依据。

(1)结构框架的设计：给出与总体安全方案设计阶段的安全技术体系结构一致的安全实现技术框架，包括安全保护的层次、网络安全产品的使用、网络子系统划分、IP 地址规划。

(2)安全功能要求的设计：对安全实现技术框架中使用到的相关网络安全产品，如防火墙、VPN、网闸、认证网关、代理服务器、防病毒网关、PKI 等提出安全功能指标要求；对需要开发的安全控制组件提出安全功能指标要求。

(3)安全性能要求的设计：对安全实现技术框架中使用到的相关网络安全产品提出性能指标要求；对需要开发的安全控制组件提出性能指标要求。

(4)安全部署方案的设计：结合系统的网络拓扑结构，以图示的方式给出安全实现技术框架的实现方式，包括网络安全产品或安全组件的部署位置、连线方式、IP 地址分配等。如果是对原有网络进行调整，需要给出网络调整的图示方案等。

(5)制定安全策略的实现计划：依据总体安全方案设计阶段提出的安全策略要求，制订设计和设置网络安全产品或安全组件的安全策略实现计划。

2. 管理措施设计

根据组织机构定级系统运营、使用单位当前安全管理需要和安全技术保障需要，提出与系统总体安全方案中管理部分相适应的安全实施内容，以保证在安全技术建设的同时，安全管理能够同步跟上。管理措施设计的内容主要包括安全策略和管理制度的制定、安全管理机构和人员的配套、安全建设过程的管理等。

3.7 本 章 小 结

(1)资产是对组织机构具有价值的任何东西。脆弱性是资产中能被威胁所利用的弱点。威胁是对资产或组织机构可能导致负面结果的一个事件的潜在源。

(2)攻击是指在信息系统中，对系统或信息进行破坏、泄露、更改或使其丧失功能的尝试，包括窃取数据。攻击主要包括被动攻击、主动攻击、临近攻击、内部人员攻击和分发攻击。

(3)风险是一个给定的威胁，利用一项资产或多项资产的脆弱性，对组织机构造成损害的潜能。可通过事件的概率及其后果进行度量。

(4)安全措施是指对付威胁，减少脆弱性，保护资产，限制意外事件的影响，检测、响应意外事件，促进灾难恢复和打击信息犯罪而实施的各种实践、规程和机制的总称。

安全措施可以分为预防性安全措施和保护性安全措施。安全措施也可以分为安全技术措施和安全管理措施。

　　(5)安全机制是实现安全功能，提供安全服务的一组有机组合的基本方法。主要的安全机制包括加密机制、数字签名机制、访问控制机制、数据完整性机制、认证交换机制、流量填充机制、路由控制机制和公证机制等。

　　(6)按数据信息分类，进行分区域分等级保护的思想是指，对信息系统中所存储、传输和处理的数据信息，按其风险程度进行分类，并在此基础上对不同类的数据信息，按照适度保护和剩余风险可接受原则，划分区域进行不同安全等级的保护。

　　(7)安全需求是进行信息系统安全设计的基本依据，分等级保护是实现信息系统安全保护的有效方法。

　　(8)信息系统安全体系的设计应按照以下原则：最小权限原则、纵深防御原则、防御多样性原则、防御整体性原则、安全性与代价平衡原则、标准化与一致性原则、等级性原则。

习　　题

1. 简述脆弱性、威胁、攻击、风险、安全机制的概念。
2. 举一个被动攻击、主动攻击和分发攻击的例子并说明其原理。
3. 什么是数据信息分类分区域分等级保护？
4. 简述安全风险、安全需求和安全措施之间的关系。
5. 如何确定信息系统的安全需求？
6. 简述信息系统安全体系设计的原则。
7. 简述信息系统安全技术体系结构。

第4章 物 理 安 全

4.1 物理安全概述

信息系统物理安全是指为了保证信息系统安全可靠运行，确保信息系统在对信息进行采集、处理、传输、存储的过程中，不会因为受到人为或自然因素的危害而使信息丢失、泄露或破坏，对计算机设备、设施(包括机房建筑、供电、空调)、环境人员、系统等采取适当的安全措施。物理安全主要包括设备物理安全、环境物理安全和系统物理安全。

4.1.1 物理安全脆弱性

脆弱性是信息系统本身存在的，物理安全的脆弱性可以分为设备物理安全的脆弱性、环境物理安全的脆弱性和系统物理安全的脆弱性。主要从以下方面进行识别。

(1)设备物理安全的脆弱性：电磁信息泄露、电磁干扰、电源保护、设备的振动、碰撞和冲击等。

(2)环境物理安全的脆弱性：机房场地选择、机房屏蔽、火灾、水灾、雷击、鼠害、盗窃、供配电系统、空调系统、综合布线、区域防护等。

(3)系统物理安全的脆弱性：软硬件故障、边界保护、设备管理等。

4.1.2 物理安全威胁

信息系统物理安全面临多种威胁，包括自然灾害、环境影响和软硬件故障等自然威胁，或人员失误和恶意攻击等非自然威胁，这些威胁通过破坏信息系统的保密性(如电磁泄漏)、完整性(如自然灾害)、可用性(如软硬件故障)进而威胁数据信息的安全。根据威胁的动机，非自然威胁又可分为恶意和非恶意两种。

4.2 物理安全目标

物理安全建设是整个信息系统安全建设的第一步，其完成度和安全性对信息系统安全影响很大。为了保障信息系统的可靠运行，物理安全建设应达到以下目标。

(1)根据不同的安全等级，选择机房建设位置和建筑建设基本要求。

(2)实现不同安全等级的访问控制功能，保护机房设备及数据安全。

(3)实现不同安全等级的防雷击和防火等要求，根据系统级别配置相应的避雷设备和灭火设备。

(4)保护机房设备，防止其被盗窃或者被破坏。

(5) 采取相应措施防止机房进水或设备漏水,加强机房的温湿度控制和机房环境管理。

(6) 保障机房电力正常供应,对主要设备采取防静电和电磁防护措施。

在国家标准《信息安全技术　网络安全等级保护基本要求》(GB/T 22239—2019)中,不同等级系统对物理安全的技术要求如表 4-1 所示。

表 4-1　GB/T 22239—2019 标准中不同等级系统对物理安全的技术要求

控制点	描述	第一级	第二级	第三级	第四级
物理位置选择	机房场地选择要参照一般建筑物选址规范来进行	无要求	(1)机房场地应选择在具有防震、防风和防雨等能力的建筑内; (2)机房场地应避免设在建筑物的顶层或地下室,否则应加强防水和防潮措施	同第二级	同第二级
物理访问控制	从物理安全的角度来对人员的访问进行控制	机房出入口应安排专人值守或配置电子门禁系统,控制、鉴别和记录进入的人员	同第一级	机房出入口应配置电子门禁系统,控制、鉴别和记录进入的人员	在第三级基础上增加:重要区域应配置第二道电子门禁系统,控制、鉴别和记录进入的人员
防盗窃和防破坏	对机房实施保护,防止其遭受破坏或被盗窃	应将设备或主要部件进行固定,并设置明显的不易除去的标识	在第一级基础上增加:应将通信线缆铺设在隐蔽安全处	在第二级基础上增加:应设置机房防盗报警系统或设置有专人值守的视频监控系统	同第三级
防雷击	保护机房设备免受雷电等自然灾害的影响	应将各类机柜、设施和设备等通过接地系统安全接地	同第一级	在第二级基础上增加:应采取措施防止感应雷,如设置防雷保安器或过压保护装置等	同第三级
防火	保护机房免受火灾的影响	机房应设置灭火设备	(1)机房应设置火灾自动消防系统,能够自动检测火情、自动报警,并自动灭火; (2)机房及相关的工作房间和辅助房应采用具有耐火等级的建筑材料	在第二级基础上增加:应对机房划分区域进行管理,区域和区域之间设置隔离防火措施	同第三级
防水和防潮	机房大部分都是电器产品,应该进行严格的防水设置	应采取措施防止雨水通过机房窗户、屋顶和墙壁渗透	在第一级基础上增加:应采取措施防止机房内水蒸气结露和地下积水的转移与渗透	在第二级基础上增加:应安装对水敏感的检测仪表或元件,对机房进行防水检测和报警	同第三级

控制点	描述	第一级	第二级	第三级	第四级
温湿度控制	机房正常运行需要一定的温湿度环境，所以进行相应的控制	应设置必要的温湿度控制设施，使机房温湿度的变化在设备运行所允许的范围之内	应设置温湿度自动调节设施，使机房温湿度的变化在设备运行所允许的范围之内	同第二级	同第二级
电力供应	防止机房供电不稳定，应进行相应的电力供应	应在机房供电线路上配置稳压器和过电压防护设备	在第一级基础上增加：应提供短期的备用电力供应，至少满足设备在断电情况下的正常运行要求	在第二级基础上增加：应设置冗余或并行的电力电缆线路为计算机系统供电	在第三级基础上增加：应提供应急供电设施
防静电	静电会对机房造成不良影响，为了保障机房设备的正常运行，应进行相应的静电防护措施	无要求	应安装防静电地板并采用必要的接地防静电措施	在第二级基础上增加：应采取措施防止静电的产生，如采用静电消除器、佩戴防静电手环等	同第三级
电磁防护	对重要设备和重要区域进行电磁防护	无要求	电源线和通信线缆应隔离铺设，避免互相干扰	在第二级基础上增加：应对关键设备实施电磁屏蔽	在第三级基础上增加：应对关键设备或关键区域实施电磁屏蔽

4.3　物理安全措施

1. 设备物理安全

设备物理安全是指为保证信息系统的安全可靠运行，降低或阻止人为或自然因素对硬件设备安全可靠运行带来的安全风险，对硬件设备及部件所采取的适当安全措施。

设备物理安全主要包括设备的标志和标记、防止电磁信息泄露、抗电磁干扰、电源保护，以及设备振动、碰撞、冲击适应性等安全技术要素。

2. 环境物理安全

环境物理安全是指为保证信息系统的安全可靠运行所提供的安全运行环境，使信息系统得到物理上的严密保护，从而降低或避免各种安全风险。

环境物理安全主要包括机房场地选择、机房屏蔽、防火、防水、防雷、防鼠、防盗防毁、供配电系统、空调系统、综合布线、区域防护等安全技术要素。

3. 系统物理安全

系统物理安全是指为保证信息系统的安全可靠运行，降低或阻止人为或自然因素从物理层面对信息系统保密性、完整性、可用性带来的安全威胁，从系统的角度采取的适当安全措施。

从系统的角度看，设备物理安全和环境物理安全是狭义的物理安全，也是物理安全的最基本内容。广义的物理安全应包括由软件、硬件、操作人员组成的整体信息系统的物理安全，即系统物理安全。从物理层面出发，系统物理安全技术应确保信息系统的保密性、完整性、可用性。例如，通过边界保护、配置管理、设备管理等措施保护信息系统的保密性；通过设备访问控制、边界保护、设备及网络资源管理等措施确保信息系统的完整性；通过容错、故障恢复、系统灾难备份等措施确保信息系统可用性。

4.4 数据中心建设

数据中心(Data Center)是存放信息系统的主要物理场所之一。为规范数据中心的设计，确保信息系统安全、稳定、可靠地运行，制定了国家标准《数据中心设计规范》(GB 50174—2017)，并于 2018 年 1 月 1 日施行，该标准代替《电子信息系统机房设计规范》(GB 50174—2008)。这里的数据中心主要包括政府数据中心、企业数据中心、金融数据中心、互联网数据中心、云计算数据中心、外包数据中心等从事信息和数据业务的数据中心。

数据中心的使用性质主要是指数据中心所处行业或领域的重要性，最主要的衡量标准是由基础设施故障造成网络中断或重要数据丢失在经济和社会上造成的损失或影响程度。从数据中心的使用性质和重要数据丢失或网络信息中断在经济和社会上造成的损失或影响程度，将数据中心划分为 A、B、C 三级。

(1)A 级数据中心。

A 级符合下列情况之一：①信息系统运行中断将造成重大的经济损失；②信息系统运行中断将造成公共场所秩序严重混乱。

A 级是容错系统，可靠性和可用性等级最高，例如，金融行业、国家气象台、国家级信息中心、重要的军事部门、交通指挥调度中心、广播电台、电视台、应急指挥中心、邮政、电信等数据中心及企业认为重要的数据中心。

(2)B 级数据中心。

B 级符合下列情况之一：①信息系统运行中断将造成较大的经济损失；②信息系统运行中断将造成公共场所秩序混乱。

B 级是冗余系统，可靠性和可用性等级居中，例如，科研院所、高等院校、博物馆、档案馆、会展中心、政府办公楼等的数据中心。

(3)C 级数据中心。

不属于 A 级或 B 级的数据中心为 C 级。

C 级为满足基本需要，可靠性和可用性等级最低。

请注意，当数据中心各组成部分按照不同等级进行设计时，数据中心的等级按照其中最低等级部分确定。

除了上面列举的数据中心外，在中国境内的其他企事业单位、国际公司、国内公司的数据中心按照哪个等级标准进行建设，应由建设单位根据重要数据丢失或网络信息中断在经济或社会上造成的损失或影响程度确定，同时结合自身需求与投资能力确定本单位数据中心的建设等级和技术要求。等级高的数据中心具有高的可靠性，但投资也相应增加。

4.4.1 术语

1. 数据中心

数据中心是指为集中放置的电子信息设备提供运行环境的建筑场所，可以是一栋或几栋建筑物，也可以是一栋建筑物的一部分，包括主机房、辅助区、支持区和行政管理区等。

(1)主机房：主要用于数据处理设备安装和运行的建筑场所，包括服务器机房、网络机房、存储机房等功能区域。

(2)辅助区：用于电子信息设备和软件的安装、调试、维护、运行监控与管理的场所，包括进线间、测试机房、总控中心、消防和安防控制室、拆包区、备件库、打印室、维修室等区域。

(3)支持区：为主机房、辅助区提供动力支持和安全保障的区域，包括变配电室、柴油发电机房、电池室、空调机房、动力站房、不间断电源系统用房、消防设施用房等。

(4)行政管理区：用于日常行政管理及客户对托管设备进行管理的场所，包括办公室、门厅、值班室、盥洗室、更衣间和用户工作室等。

2. 灾备数据中心

灾备数据中心是指用于灾难发生时，接替生产系统运行，进行数据处理和支持关键业务功能继续运作的场所，包括限制区、普通区和专用区。

(1)限制区：根据安全需要，限制不同类别人员进入的场所，包括主机房、辅助区和支持区等。

(2)普通区：用于灾难恢复和日常训练、办公的场所。

(3)专用区：根据安全需要设置的特定场所。

请注意，在同城或异地建立灾备数据中心时，灾备数据中心宜与主用数据中心等级相同。当灾备数据中心与主用数据中心实时传输数据备份，业务满足连续性要求时，灾备数据中心的等级可与主用数据中心等级相同，也可低于主用数据中心的等级。

3. 冗余

冗余(Redundancy)是指重复配置系统的一些或全部部件，当系统发生故障时，冗余配置的部件介入并承担故障部件的工作，由此延长系统的平均故障间隔时间。

4. N+X 冗余

N+X 冗余(X=1～N)是指系统满足基本需求 N 外，增加了 X 个组件(单元、模块或路径)。任何 X 个组件(单元、模块或路径)的故障或维护不会导致系统运行中断。

5. 容错

容错(Fault Tolerant)是指具有两套或两套以上的系统，在同一时刻，至少有一套系统正常工作。按容错系统配置的基础设施，在经受一次严重的突发设备故障或人为操作失误后，仍能满足电子信息设备正常运行的基本需求。

6. 不间断电源系统

不间断电源系统(Uninterruptible Power System，UPS)是指由变流器、开关和储能装置组合构成的系统，在输入电源正常或故障时，输出交流或直流电源，在一定时间内维持对负载供电的连续性。

4.4.2 各级数据中心建设的技术要求

表 4-2 给出了各级数据中心建设的技术要求。其中的关键字含义如下：①表示严格，在正常情况下均应这样做的用词，正面词采用"应"， 反面词采用"不应"；②表示允许稍有选择，在条件许可时首先应这样做的用词，正面词采用"宜"，反面词采用"不宜"；③表示有选择，在一定条件下可以这样做的用词，采用"可"。

表 4-2 各级数据中心建设的技术要求

项目	技术要求		
	A 级	B 级	C 级
选址			
距离停车场的距离	不应小于 20m	不宜小于 10m	
距离铁路或高速公路的距离	不应小于 800m	不宜小于 100m	
距离地铁的距离	不宜小于 100m	不宜小于 80m	
在飞机航道范围内建设数据中心距离飞机场的距离	不宜小于 8000m	不宜小于 1600m	—
距离甲、乙类厂房和仓库、垃圾填埋场的距离	不应小于 2000m		
距离火药炸药库的距离	不应小于 3000m		—
距离核电站的危险区域的距离	不应小于 40000m		
距离住宅的距离	不宜小于 100m		
有可能发生洪水的区域	不应设置数据中心		不宜设置数据中心
地震断层附近或有滑坡危险的区域	不应设置数据中心		不宜设置数据中心

项目	技术要求		
	A 级	B 级	C 级
从火车站、飞机场到达数据中心的交通道路	不应少于 2 条道路	—	—
环境要求			
冷通道或机柜进风区域的温度	18～27℃		
冷通道或机柜进风区域的相对湿度和露点温度	露点温度 5.5～15℃，同时相对湿度不大于 60%		
主机房环境温度和相对湿度(停机时)	5～45℃，8%～80%，同时露点温度不大于 27℃		
主机房和辅助区温度变化率	使用磁带驱动时<5℃/h，使用磁盘驱动时<20℃/h		
辅助区温度、相对湿度(开机时)	18～28℃，35%～75%		
辅助区温度、相对湿度(停机时)	5～35℃，20%～80%		
不间断电源系统电池室温度	20～30℃		
主机房空气粒子浓度	应少于 17600000 粒		
空气调节			
主机房和辅助区设置空气调节系统	应		宜
不间断电源系统电池室设置空调降温系统	宜		可
冷冻机组、冷冻 水泵、冷却水泵、冷却塔	$N+X$ 冗余($X=1～N$)	$N+1$ 冗余	N
机房专用空调	$N+X$ 冗余($X=1～N$)，主机房中每个区域冗余 X 台	$N+1$ 冗余，主机房中每个区域冗余一台	N
电气技术			
供电电源	应由双重电源供电	宜由双重电源供电	两回线路供电
变压器	$2N$	$N+1$	N
后备柴油发电机系统	$(N+X)$ 冗余($X=1～N$)	$N+1$，当供电电源只有一路时需设置后备柴油发电机系统	不间断电源系统的供电时间满足信息存储要求时，可不设置柴油发电机系统
后备柴油发电机的基本容量	应包括不间断电源系统的基本容量、空调和制冷设备的基本容量		—
不间断电源系统电池最少备用时间	15min，柴油发电机作为后备电源时	7min，柴油发电机作为后备电源时	根据实际需要确定
空调系统配电	双路电源(至少一路为应急电源)，末端切换。采用放射式配电系统	双路电源，末端切换。采用放射式配电系统	采用放射式配电系统
安全防范系统			
发电机房、变配电室、电池室、动力站房	出入控制(识读设备采用读卡器)、视频监视	入侵探测器	机械锁
安全出口	推杆锁、视频监视、总控中心连锁报警		推杆锁

续表

项目	技术要求		
	A 级	B 级	C 级
总控中心	出入控制(识读设备采用读卡器)、视频监视		机械锁
安防设备间	出入控制(识读设备采用读卡器)	入侵探测器	机械锁
主机房出入口	出入控制(识读设备采用读卡器)或人体生物特征识别、视频监视	出入控制(识读设备采用读卡器)、视频监视	机械锁、入侵探测器
主机房内	视频监视		—
建筑物周围和停车场	视频监视		—
消防与安全			
主机房设置气体灭火系统	宜		
变配电室、不间断电源系统和电池室设置气体灭火系统	宜		
主机房设置细水雾灭火系统	可		
变配电室、不间断电源系统和电池室设置细水雾灭火系统	可		
主机房设置自动喷水灭火系统	可(当两个或两个以上数据中心互为备份时)	可	
吸气式烟雾探测火灾报警系统	宜		—

4.4.3 性能要求

1. A 级数据中心

A 级数据中心的基础设施宜按容错系统配置,在电子信息系统运行期间,基础设施应在一次意外事故后或单系统设备维护(或检修)时仍能保证电子信息系统正常运行。

当两个或两个以上地处不同区域的数据中心同时建设、互为备份,且数据实时传输、业务满足连续性要求时,数据中心的基础设施可按容错系统配置,也可按冗余系统配置。

2. B 级数据中心

B 级数据中心的基础设施应按冗余系统配置,在电子信息系统运行期间,基础设施在冗余能力范围内,不应因设备故障而导致电子信息系统运行中断。

3. C 级数据中心

C 级数据中心的基础设施应按基本需求配置,在基础设施正常运行情况下,应保证电子信息系统运行不中断。

4.5　本　章　小　结

(1)信息系统物理安全是指为了保证信息系统安全可靠运行,确保信息系统在对信息进行采集、处理、传输、存储的过程中,不会因为受到人为或自然因素的危害而使信息丢失、泄露或破坏,对计算机设备、设施(包括机房建筑、供电、空调)、环境人员、系统等采取适当的安全措施。

(2)物理安全主要包括设备物理安全、环境物理安全和系统物理安全。

(3)设备物理安全是指为保证信息系统的安全可靠运行,降低或阻止人为或自然因素对硬件设备安全可靠运行带来的安全风险,对硬件设备及部件所采取的适当安全措施。

(4)环境物理安全是指为保证信息系统的安全可靠运行所提供的安全运行环境,使信息系统得到物理上的严密保护,从而降低或避免各种安全风险。

(5)系统物理安全是指为保证信息系统的安全可靠运行,降低或阻止人为或自然因素从物理层面对信息系统保密性、完整性、可用性带来的安全威胁,从系统的角度采取的适当安全措施。

(6)数据中心是指为集中放置的电子信息设备提供运行环境的建筑场所,可以是一栋或几栋建筑物,也可以是一栋建筑物的一部分,包括主机房、辅助区、支持区和行政管理区等。

(7)从数据中心的使用性质和重要数据丢失或网络信息中断在经济或社会上造成的损失或影响程度,数据中心可划分为 A、B、C 三级。

(8)冗余是指重复配置系统的一些或全部部件,当系统发生故障时,冗余配置的部件介入并承担故障部件的工作,由此延长系统的平均故障间隔时间。

(9)容错是指具有两套或两套以上的系统,在同一时刻,至少有一套系统正常工作。按容错系统配置的基础设施,在经受一次严重的突发设备故障或人为操作失误后,仍能满足电子信息设备正常运行的基本需求。

习　　题

1. 什么是信息系统物理安全?

2. 什么是设备物理安全、环境物理安全和系统物理安全?

3. 简述冗余、容错的概念。

4. 简述 A 级和 B 级数据中心的性能要求。

第 5 章 系 统 安 全

5.1 系统安全概述

计算机系统安全是信息安全的关键内容之一，已成为计算机信息系统的核心技术，也是网络安全的重要基础。计算机系统安全是一个涉及面很广的概念，至今也没有一个统一的定义，但其基本内容就是对计算机系统的硬件、软件和数据加以保护，不因偶然的或者恶意的原因而造成破坏、更改和泄露，使计算机系统得以连续正常地运行。

系统安全主要包括安全模型、身份鉴别、访问控制、操作系统安全机制、数据库系统安全和备份与恢复等技术。

5.2 安 全 模 型

设计一个安全系统时，首先要对系统的安全需求进行全面、清晰地了解，然后根据安全需求制定相应的安全策略，并对安全策略所表达的安全需求进行清晰、准确地描述，建立相应的安全模型。

一个好的安全模型应该对安全策略所表达的安全需求进行简单、精确和无歧义的描述，是安全策略的一个清晰的表达方式。一般来说，安全模型应具有如下特点：①是精确的、无歧义的；②是简单和抽象的，也是易理解的；③仅涉及安全性质，不过分限制系统的功能和实现。

安全模型根据不同场合对保密性、完整性的需求不同，可以分为保密性策略模型（如 BLP 模型）、完整性策略模型（如 Biba 模型、Clark-Wilson 模型、DTE 模型）和混合策略模型（如 Chinese Wall 模型）；也可根据控制信息流向的不同分为多级安全策略模型和多边安全策略模型。多级安全策略的核心是根据信息的重要性和敏感度不同，赋予不同的安全等级，采用不同的保护措施，保护和控制信息流的纵向传播，如 BLP 模型、Biba 模型和 Clark-Wilson 模型；多边安全策略的核心是通过划分多个系统间的安全边界，控制共享信息在系统之间的流动，保护和控制信息流的横向传播，如 Chinese Wall 模型。下面分别介绍这几种安全模型。

5.2.1 BLP 模型

BLP 模型是 Bell-La Padula 模型的简称，是由 Bell 和 La Padula 于 1973 年提出的一种模拟军事安全策略的计算机访问控制模型，也是最早、最常用的一种多级安全策略模型，该模型用于保证系统信息的保密性，在 1976 年首次应用于 Multics 操作系统中。

BLP 模型是一个状态机模型，形式化地定义了系统、系统状态以及系统状态间的转换规则，定义了安全概念和一组安全特性，以便对系统状态和状态转换规则进行限制和约束。对于一个初始状态安全的系统，经过一系列规则转换都保持安全，那么可以证明该系统是安全的。

系统包括一个主体集合 $S = \{s_1, s_2, \cdots, s_n\}$；一个客体集合 $O = \{o_1, o_2, \cdots, o_m\}$；$C = \{c_1, c_2, \cdots, c_q\}$（$c_1 > c_2 > \cdots > c_q$），表示主体和客体的分类，如绝密、机密、秘密、无密级；$K = \{k_1, k_2, \cdots k_r\}$，表示类别；$L = \{l_1, l_2, \cdots, l_p\}$，$l_i = (c_i, K'_i)$，$c_i \in C$，$K'_i \subseteq K$，表示安全等级。

定义 5-1　关系 $\geqslant$：一个安全等级大于或等于另一个安全等级。形式化描述为

$$l_x \geqslant l_y = (c_x, K'_x) \geqslant (c_y, K'_y)，\quad 当且仅当 c_x \geqslant c_y，\ K'_x \supseteq K'_y$$

1. 安全特性

1）简单安全特性

如果主体 s 对客体 o 具有读权限，则主体的安全等级一定不低于客体的安全等级，这也常称为不上读原则，即

$s \in S$ 可以读取 $o \in O$，当且仅当 $l(s) \geqslant l(o)$，且 s 对 o 具有自主型读权限

简单安全特性（Simple Security Property）表明一个主体对客体进行读取访问的必要条件是主体的安全等级必须大于或等于客体的安全等级，即主体不能向上读。简单安全特性的目的是防止主体读取安全等级比它的允许安全等级高的客体中的信息。

2）*-特性

如果主体 s 对客体 o 具有写权限，则主体的安全等级一定不高于客体的安全等级，这也常称为不下写原则，即

$s \in S$ 可以写入 $o \in O$，当且仅当 $l(o) \geqslant l(s)$，且 s 对 o 具有自主型写权限

-特性（-property）表明一个主体对客体进行写入访问的必要条件是主体的安全等级必须小于或等于客体的安全等级，即主体不能向下写。

显然一个主体对客体既能进行读访问又能进行写访问，二者的安全等级必须完全相同。*-特性的目的是防止恶意主体从相同等级或更高等级的文件中读出信息后，通过向下写来窃取系统的机密，见图 5-1。因此，如果一个主体（进程）没有对大于或等于自身等级的客体（文件）进行读访问，那么这个进程对于等于或小于自身等级的客体进行写访问，并不破坏系统的保密性。

BLP 模型采用多级安全的概念对主体与客体的安全进行分级和标记，并同时采用了自主安全策略和强制安全策略。

自主安全策略按照用户的意愿来进行访问控制，通常使用一个访问矩阵来表示，主体只能按照在访问矩阵中授予的访问权限对客体进行相应的访问。

强制安全策略以系统中主体和客体的等级为基础控制数据的访问。与客体关联的安全等级反映了包含在客体内的信息的敏感性。与用户关联的安全等级，也称为许可，反映了用户的可信赖性。强制安全策略通过不上读和不下写两种特性来保障信息的保密性。

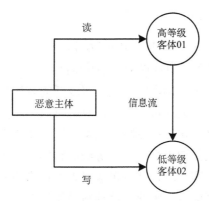

图 5-1　恶意主体的上读下写

2. 模型特点

BLP 模型的优点：①是一个最早对多级安全策略进行描述的模型；②是一个严格形式化的模型，并给出了形式化的证明；③控制信息只能由低向高流动，能满足军事部门等一类对数据保密性要求特别高的机构的需求。

BLP 模型的缺点：①上级对下级发文受到限制，部门之间信息的横向流动被禁止；②只要信息由低向高流动即合法(高读低)，不管工作是否需要，这不符合最小权限原则；③缺乏灵活、安全、细粒度的授权机制；④低安全级的信息向高安全级流动，可能破坏高安全级客体中数据的完整性。

5.2.2　Biba 模型

Biba 模型是 Biba 于 1977 年发布的数据完整性策略模型。Biba 在定义主、客体安全等级的基础上，将访问策略分为强制访问策略和自主访问策略两类，对每类给出了多个策略，并首先应用于 Multics 操作系统中。

系统包括一个主体集合 $S=\{s_1,s_2,\cdots,s_n\}$；一个客体集合 $O=\{o_1,o_2,\cdots,o_m\}$；$C=\{c_1,c_2,\cdots,c_q\}$ $(c_1>c_2>\cdots>c_q)$，表示主体和客体的完整性分类；$K=\{k_1,k_2,\cdots,k_r\}$，表示类别；$I=\{i_1,i_2,\cdots,i_p\}$，$i_j=(c_j,K_j')$，$c_j\in C,\ K_j'\subseteq K$，表示完整性等级。

定义 5-2　关系 $\leqslant$：一个完整性等级 i_x 小于或等于另一个完整性等级 i_y。形式化描述为

$$i_x\leqslant i_y=(c_x,K_x')\leqslant(c_y,K_y'),\quad 当且仅当\ c_x\leqslant c_y,\ K_x'\subseteq K_y'$$

Biba 提出了三种策略模型：low-water-mark 策略、环策略和严格完整性策略。

1. low-water-mark 策略

当一个主体访问一个客体时，该策略将主体的完整性等级改变为该主体和客体中完整性等级中的较低等级。具体规则如下。

(1)如果 $s\in S$ 可以读取 $o\in O$，那么 $i'(s)=\min\{i(s),i(o)\}$，其中 $i'(s)$ 是主体 s 完成读

取操作后的完整性等级。

(2) $s \in S$ 可以写入 $o \in O$ ，当且仅当 $i(o) \leqslant i(s)$ 。

(3) $s_1 \in S$ 可以执行 $s_2 \in S$ ，当且仅当 $i(s_2) \leqslant i(s_1)$ 。

第一条规则说明当一个主体读取完整性等级较低的客体时，主体的完整性等级会降低。主要思想是主体使用的数据的可信度比自身的可信度还要低，因此，主体的可信度要降低到较低的可信度等级。这样可以防止数据污染主体或主体的操作。

第二条规则禁止一个主体向更高完整性等级的客体写入数据。主要思想是一个主体想要改变具有更高可信度的客体时，就有可能引入不正确的或伪造的数据，这样客体的可信度就会降低为主体的可信度，因此，这种写操作是不允许的。

第三条规则允许一个主体执行另一个主体，只要第二个主体的完整性等级不比第一个主体的高。主要思想是防止可信度低的调用者能够控制并破坏被调用的具有更高可信度的主体。

由上可知，low-water-mark 策略禁止降低完整性等级的直接修改，也禁止间接修改，即主体在读取完整性等级较低的客体后降低其完整性等级。这种策略的主要问题是实施过程中主体可能要改变其完整性等级。尤其是主体的完整性等级是非递增的，可能很快就不能访问完整性等级更高的客体。另一种策略是降低客体的完整性等级而非主体的完整性等级，但会存在同样的问题，客体的完整性等级很快会降低到最低的情况。

2. 环策略

环策略忽略间接修改，只考虑直接修改。具体规则如下。

(1) 不考虑完整性等级，任何主体可以读取任何客体。

(2) $s \in S$ 可以写入 $o \in O$ ，当且仅当 $i(o) \leqslant i(s)$ 。

(3) $s_1 \in S$ 可以执行 $s_2 \in S$ ，当且仅当 $i(s_2) \leqslant i(s_1)$ 。

与 low-water-mark 策略相比，环策略的不同之处主要在于它允许任何主体读取任何客体。

3. 严格完整性策略

严格完整性策略模型是 BLP 模型数学上的对偶，也常称为 Biba 模型。具体规则如下。

(1) $s \in S$ 可以读取 $o \in O$ ，当且仅当 $i(s) \leqslant i(o)$ 。

(2) $s \in S$ 可以写入 $o \in O$ ，当且仅当 $i(o) \leqslant i(s)$ 。

(3) $s_1 \in S$ 可以执行 $s_2 \in S$ ，当且仅当 $i(s_2) \leqslant i(s_1)$ 。

由规则 (1) 和规则 (2) 可知，如果主体对客体的读、写操作都是允许的，则有 $i(s) = i(o)$ 。

严格完整性策略可总结为两个基本规则：不下读和不上写。严格完整性策略防止信息从低完整性等级客体流向高完整性等级或不可比完整性等级客体。

4. Biba 模型特点

Biba 模型的优点：①是一个严格形式化的模型，并给出了形式化的证明；②控制数据只能由高向低流动，能满足严格的数据完整性要求，保证高等级数据不会被污染、破坏。

Biba 模型的缺点：①下级向上级汇报受到限制，部门之间数据的横向流动被禁止；②只要数据由高向低流动即合法，不管工作是否需要，不符合最小权限原则；③缺乏灵活、安全、细粒度的授权机制；④高完整性等级的数据向低完整性等级流动，可能破坏高完整性等级客体中的数据保密性。

5.2.3 Clark-Wilson 模型

Clark-Wilson 模型是一个确保商业数据完整性的策略模型，由 Clark 和 Wilson 于 1987 年提出。在商业环境中，最关心系统数据的完整性以及对这些数据操作的完整性。系统数据的完整性是指，如果数据满足给定的属性，则称该数据处于一个一致性状态，或者说数据是一致的。例如，设 YB 是到昨天为止所有账户的金额总数，D 是今天到目前为止已存入金额的总数，W 是今天到目前为止已提取金额的总数，TB 是今天到目前为止所有账户的金额总数，则一致性属性就是

$$YB + D - W = TB$$

在每次操作前和操作后，系统数据都必须满足这个一致性条件。一个良定义的事务处理包括一系列操作，使系统从一个一致性状态转移到另一个一致性状态。例如，一个银行储户将钱从一个账户转移到另一个账户的转账事务处理。这个事务处理包括两个操作：从第一个账户中减去金额数的操作；在第二个账户中增加金额数的操作。每一个操作都可能导致数据处于不一致状态，但是一个良定义的事务处理必须保证一致性。

在商业环境中与完整性策略相关的另一个重要特性就是事务处理自身的完整性，需要由谁来检查和验证事务处理是否被正确执行？例如，某公司收到一张发票，采购部门需要通过多个步骤完成支付。首先，需要确认有人曾请求过采购服务，并确保支付服务账户的正确；其次，确认发票有效；最后，开出支票并签字。如果一个人执行所有的步骤，那么很容易出现伪造发票支付，套取公司资金的情况。但是，如果两个或两个以上的人来执行这些步骤，那么只有多人合谋才能欺骗公司。需要至少两个人来处理这个事务就体现了职责分离的原则。

1. 模型定义

Clark-Wilson 模型将数据分为两类：CDI(Constrained Data Items，约束数据项)和 UDI(Unconstrained Data Items，非约束数据项)，CDI 是需要进行完整性控制的客体，而 UDI 则不需要进行完整性控制。例如，在银行系统中，账户结算是 CDI，其完整性是银行运行的关键；客户资料是 UDI，在必要时可以更新。一系列完整性约束限制着 CDI 的值。前面提到的银行例子中的一致性约束同样也就是完整性约束。

Clark-Wilson 模型还定义了两个过程。一个是 IVP(Integrity Verification Procedure，完整性验证过程)，在 IVP 执行时，检查 CDI 是否符合完整性约束。如果符合，则称系统处于一个有效状态。另一个是 TP(Transformation Procedure，转换过程)，将数据项从一个有效状态转换到另一个有效状态。TP 实现的是良定义的事务处理。还是银行系统的例子，账户结算是 CDI，检查账户结算是 IVP。存钱、取钱和账户之间的转账则都是 TP。为了保证账户的正确管理，在存钱、取钱和转账时，银行的检查人员必须验证银行使用了正确的过程来检查账户结算。

为了达到并保持完整性约束，Clark-Wilson 模型提出了证明规则和实施规则，证明规则由管理员来执行，实施规则由系统来执行。

2. 模型规则

证明规则 1(CR1)：任意一个 IVP 在运行时，必须保证所有的 CDI 都处于有效状态。

证明规则 2(CR2)：对于某些相关联的 CDI 集合，TP 必须将那些 CDI 从一个有效状态转换到另一个有效状态。安全管理员必须将每个 TP 和其所操作的 CDI 集合表示成如下关系形式：

$$(TP_i, \{CDI_1, CDI_2, \cdots, CDI_m\})$$

实施规则 1(ER1)：系统必须维护所有的证明关系，且必须保证只有经过证明可以运行该 CDI 的 TP 才能操作该 CDI。

以上规则提供了确保 CDI 内部一致性的基本框架，外部一致性和职责分离机制由下列两条规则来维护。

实施规则 2(ER2)：系统必须将用户与每个 TP 及一组相关的 CDI 关联起来。TP 可以代表相关用户来访问这些 CDI。如果用户没有与特定的 TP 及 CDI 相关联，那么这个 TP 将不能代表该用户对 CDI 进行访问。

系统必须维护一个如下的关系列表来刻画用户、TP 和 CDI 之间的关系。

$$(UserID, TP_i, \{CDI_1, CDI_2, \cdots, CDI_m\})$$

列表中的每个元组关联了一个用户、一个 TP 和代表这个用户的 TP 可以操作的客体集合，必须确保只有元组中定义的操作才能执行。

证明规则 3(CR3)：被允许的关系必须满足职责分离原则所提出的要求，即在 ER2 中的关系列表必须被证明可以满足职责分离要求。

从形式上看，规则 ER2 中所表示的关系比规则 ER1 中的更强大。但从理论上看，保持 ER1 和 ER2 分离，有助于强调内部一致性和外部一致性这两个基本问题。

实施规则 3(ER3)：系统必须对每一个试图执行 TP 的用户进行认证。

规则 ER3 与商业系统和军用系统都相关，但在军用系统中，相关安全策略基于分类和类别。而在商业系统中，相关安全策略则基于两个或两个以上用户之间的职责分离。

证明规则 4(CR4)：所有的 TP 必须添加足够多的信息来重构对一个只允许添加(Append-only)的 CDI 的操作。

完整性策略模型不一定要覆盖所有数据项，多数不能被完整性策略所覆盖的数据项，一般是允许被任意处理的。

证明规则 5(CR5)：任何以 UDI 为输入的 TP，对于该 UDI 的所有可能值，或者执行有效的转换，或者不进行转换。这种转换要么是拒绝该 UDI，要么是将其转化为一个 CDI。

实施规则 4(ER4)：只有 TP 的证明者可以改变与该 TP 相关的一个实体列表。TP 的证明者或与 TP 相关的实体的证明者都不会有对该实体的执行许可。

以上九条规则，一起构成了 Clark-Wilson 完整性策略。Clark-Wilson 模型确保完整性的安全属性如下。

(1)完整性：确保 CDI 只能由限制的方法来改变并生成另一个有效的 CDI，该属性由规则 CR1、CR2、CR5、ER1 和 ER4 来保证。

(2)访问控制：控制访问资源的能力，由规则 CR3、ER2 和 ER3 来提供。

(3)审计：确定 CDI 的变化及系统处于有效状态的功能，由规则 CR1 和 CR4 来保证。

(4)责任：确保用户及其行为唯一对应，由规则 ER3 来保证。

5.2.4　DTE 模型

DTE 模型是由 O'Brien and Rogers 于 1991 年提出的一种访问控制技术，是近年来被较多地作为实现信息完整性保护的模型，其基本思想是：赋予保护对象一种抽象的数据类型，该类型表明了保护对象要保护的完整性属性，然后规定只有授权的主体(进程)能替代用户访问这一完整性属性，并限制该主体的活动范围，使其获得只有完成目标所需的能力。

1. 策略描述

DTE 模型将系统看作一个主体的集合和一个客体的集合。

(1)每个主体有一个属性——域(domain)，每个客体有一个属性——类型(type)，这样，所有的主体被划分到若干个域中，所有的客体被划分到若干个类型中。

(2)建立一个域定义表(Domain Definition Table)，描述各个域对不同类型客体的访问权限。

(3)建立域交互表(Domain Interaction Table)，描述各个域之间的许可访问模式(如创建、发信号、切换)。

系统运行时，依据访问的主体域和客体类型，查找域定义表，决定是否允许访问。DTE 模型是访问矩阵的改进模型，其表示方式如图 5-2 所示。在该 DTE 模型中，定义了客体文件 File_A、File_B、File_C 三种类型和主体任务 Task_A、Task_B、Task_C 三种域，不同的域成员对类型成员具有不同的权限，包括 read(读)、write(写)、own(拥有)等，比如 Task_A 对 File_A 具有 own、read 和 write 的权限。

域	类型(Type)		
(Domain)	File_A	File_B	File_C
Task_A	own/read/wirte	read	read/wirte
Task_B	wirte	own/read/wirte	read
Task_C	read/wirte	wirte	own/read/wirte

图 5-2　DTE 模型示例

2. 模型特点

DTE 模型的优点：①DTE 模型没有明确指出策略的安全目标，因此，该策略可以表示系统中的任意安全目标；②通过矩阵判断访问权限，简单易懂，策略容易执行；③通过定制特殊的域和类型，可以实现细粒度的安全控制策略；④通过域代替主体，类型代替客体，方便批量配置策略，灵活性较好。

DTE 模型的缺点：①数据流动保持单向，过于严格；②域和类型的设计关系到该模型的最终效果，对管理人员提出更高的要求；③主体跨多个域，客体关联多个类型等场景会让这个模型变得很复杂。

5.2.5　Chinese Wall 模型

Chinese Wall 模型由 Brewer 和 Nash 提出，是一个同等考虑保密性和完整性的访问控制模型，主要用于解决商业环境中的利益冲突问题，其重要性等同于 BLP 模型在军事领域的作用。

与 BLP 模型不同的是，访问客体(数据)不是受限于客体(数据)的安全等级，而是受限于主体已经获得了对哪些客体(数据)的访问权限。Chinese Wall 模型的主要设计思想是将一些可能会产生访问冲突的客体(数据)分成不同的数据集，并强制所有主体最多只能访问一个数据集，而选择访问哪个数据集并未受强制规则的限制。

1. 模型定义

Chinese Wall 模型中的客体分为两种类型：无害客体和有害客体。其中，无害客体为可以公开的数据，有害客体为会产生利益冲突需要限制的数据。系统中所有的客体构成客体集合 O，与某家公司相关的所有客体组成了 CD(Company Datasets 公司数据集)，若干相互竞争公司的数据集形成了 COI 类(Conflict of Interest Class 利益冲突类)。

假设每个客体 $o \in O$ 只属于某一个 COI 类，COI(o) 表示包含客体 o 的 COI 类，CD(o) 表示包含客体 o 的 CD。系统中所有的主体构成主体集合 S，PR(s) 表示主体 $s \in S$ 曾经读取过的客体集合。

2. 安全特性

Chinese Wall 模型有两种安全特性，分别是 CW-简单安全特性和 CW-*-特性。

1）CW-简单安全特性

$s \in S$ 可以读取 $o \in O$，当且仅当以下任一条件满足：

(1) 存在一个客体 o'，$o' \in PR(s)$，并且 $CD(o') = CD(o)$；

(2) 对于所有的客体 o'，$o' \in PR(s)$，则 $COI(o') \neq COI(o)$；

(3) o 是无害客体。

假设系统中保存了 3 个银行和 4 个石油公司的信息，一个新用户可以自由选择访问这些数据集之一。在系统中一个不拥有任何信息的新用户不会存在任何冲突。如图 5-3 所示，假设系统中有两个 COI 类，银行 COI 类和石油公司 COI 类。银行 COI 类包含 3 个 CD，分别是美国银行、花旗银行和大通银行；石油公司 COI 类包含 4 个 CD，分别是石油公司-A、石油公司-B、石油公司-C 和石油公司-D。

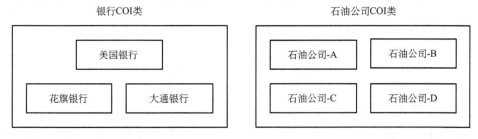

图 5-3　利益冲突类

假设这个新用户首先访问了石油公司-A 的 CD，则该用户目前拥有了石油公司-A 的信息。稍后，该用户请求访问美国银行的 CD，由于美国银行和石油公司-A 分别属于不同的 COI 类，所以不会发生冲突，故允许访问。但是，如果请求访问石油公司-B 的 CD，将会被拒绝，因为石油公司-A 和石油公司-B 都在石油公司 COI 类中，是利益冲突的。

请注意，用户访问美国银行与石油公司-A 的 CD 的顺序无关，而访问石油公司-A 与石油公司-B 的 CD 的顺序将会导致结果的不同。当用户已访问石油公司-B、美国银行后，则再访问石油公司-A 的请求将被拒绝；当用户已访问石油公司-A 和美国银行后，则再访问石油公司-B 的请求将被拒绝。

在开始时，用户完成对所喜好 CD 的自由访问，后续围绕着该用户所拥有信息的 Chinese Wall 已经建成，可以认为在墙（Wall）外的任何 CD 均与墙内的 CD 同属于一个 COI 类。这时，用户仍然可以自由访问那些与墙内信息分属于不同 COI 类的 CD，但是一旦选择某 CD，Chinese Wall 会立即针对新的 CD 修改状态。可以看出，Chinese Wall 的安全策略是一种自由选择与强制控制的绝妙组合。

因此，如果被访问的客体属于以下两种情况，访问将可以进行：①与主体曾经访问过的信息属于同一个 CD，即在墙内的信息；②属于一个完全不同的 COI 类。

有时，在同一个 COI 类中的 CD 之间，会出现间接信息流。例如，有两个用户 User-A 和 User-B，User-A 访问了大通银行和石油公司-A 的数据，而 User-B 访问了大通银行和石油公司-B 的数据。如果 User-A 从石油公司-A 中读取数据并写入大通银行中,则 User-B 便能够读取石油公司-A 的数据。由于石油公司-A 和石油公司-B 同属于一个 COI 类,所以,这种情况是不允许发生的。以上操作的结果已经间接破坏了 Chinese Wall 的安全策略。为了防止以上情况的出现,CW-*-特性对写访问做出了规定。

2)CW-*-特性

$s \in S$ 可以写入 $o \in O$,当且仅当以下两个条件同时满足:

(1)CW-简单安全特性允许 s 读取 o;

(2)对于所有有害客体 o',s 可以读取 o',则 $CD(o') = CD(o)$。

Chinese Wall 模型通常用于证券交易或者投资公司的经济活动等场景中,其目的是防止利益冲突的发生,例如,一个交易员代理两个客户投资,并且这两个客户的利益相互冲突,利用该模型的安全策略,可以防止交易员为了帮助其中一个客户盈利,而导致另一个客户损失。

5.3 身份鉴别

身份鉴别技术是最常用的安全技术,每天登录计算机、手机时都要先进行身份鉴别,然后才能进行各种操作。身份鉴别的目的是确认用户身份,是最基本的安全技术,也是其他安全技术的基础,如访问控制、安全审计等都要依赖用户身份信息。

5.3.1 身份鉴别依据

身份鉴别的核心就是依据什么来识别确认某人的身份,主要包括三种方式:①某人知道的内容;②某人拥有的物品;③某人的唯一特征。

1. 某人知道的内容

依据某人知道的内容来鉴别其身份,核心在于其所知道的内容一定是保密的、别人不知道的或难以猜测的,如基于用户名和密码(口令)的身份认证。

2. 某人拥有的物品

依据某人拥有的物品来鉴别其身份,核心在于其所拥有的物品一定是有特征的、可以被对方辨识并认可的,如基于 U 盾、IC 卡的身份认证,这也是现在大部分银行系统使用的身份鉴别方式之一。

3. 某人的唯一特征

依据某人的唯一特征来鉴别其身份,核心在于其所具有的唯一生物特征可以准确对应到该人,如基于指纹识别、人脸识别的身份认证,这也是大部分智能手机和很多门禁系统使用的身份鉴别方式。

5.3.2　常用身份鉴别技术

1. 口令鉴别

口令鉴别是根据某人知道的内容来验证身份的身份鉴别技术。依靠口令，又称通行字（Password），是最广泛使用的身份鉴别技术。在多因子身份认证方案中，基于口令鉴别身份也是其中必选的基本技术。

口令验证的识别过程：①用户将口令传送给计算机；②计算机完成口令单向函数值的计算；③计算机把单向函数值和机器存储的值比较，如果相同，则验证通过。

口令鉴别的优点是简单、易实施、低成本。其面临的主要安全问题是暴力破解。通过下列方式可增加暴力破解的难度，提高安全性：①增强口令复杂度，限制口令的最小长度，使用大小写字母、特殊符号、数字的多种组合；②附加验证码校验，验证码一般是以图形显示的随机字符串，人眼可以识别，但是机器很难辨认，使用验证码可以避免恶意的在线破解口令；③多次登录失败时锁死账户。

2. 动态口令鉴别

动态口令鉴别是根据某人拥有的物品来验证身份的身份鉴别技术。动态口令牌是用户手持用来生成动态口令的终端，主要基于时间同步方式，一般每 60s 变换一次动态口令，口令一次有效，产生 6 位动态数字进行一次一密的方式认证。

每个动态口令牌具有唯一的密钥，该密钥同时存放在服务器端，每次认证时动态口令牌与服务器分别根据同样的密钥、随机参数（时间、事件）和算法计算动态口令，确保了动态口令的一致性。由于每次认证时的随机参数不同，所以每次产生的动态口令也不同，从而保证了系统认证的安全性。

动态口令牌的优点是使用便捷，已广泛应用在网上银行、电子政务、电子商务等领域。随着智能手机的普及，有些应用开始使用智能手机代替动态口令牌生成动态口令，这能显著降低成本，增强易用性。

3. 短信验证码鉴别

短信验证码鉴别是根据某人拥有的物品来验证身份的身份鉴别技术。短信验证码会把口令以手机短信形式发送到用户的手机上，只有拥有这个手机的用户才能接收到信息，进行登录验证。

由于手机的广泛普及，基本人手一机，短信验证码鉴别是现在互联网应用中最常见的身份鉴别技术，短信验证码的优点是一次一密，安全可靠，又不需要记忆口令，使用非常方便。

4. USB Key 鉴别

USB Key 鉴别是根据某人拥有的物品来验证身份的身份鉴别技术。USB Key 是一种

USB 接口的硬件设备，内置智能芯片，并有一定的存储空间，可以存储用户的数字证书信息，利用 USB Key 内置的算法实现对用户身份的认证。

USB Key 是国内多数银行采用的客户端认证方案，用户私钥在高度安全的 USB Key 内产生，并且不可导出到 USB Key 外部，交易签名也在 USB Key 内进行，所以安全强度非常高。

现在几乎所有的计算机都支持 USB 接口，所以 USB Key 和口令结合的双因子认证方案是现在主流的身份鉴别方案。

5. 基于个人生物特征鉴别

生物特征鉴别，是指利用人体所固有的生理特征(指纹、虹膜、面相、DNA 等)或行为特征(步态、敲击键盘习惯等)来进行个人身份鉴别的一种技术。具体来说，就是通过计算机与光学、声学、生物传感器和生物统计学原理等多种技术手段密切结合，利用人体固有的生理特征和行为特征来进行个人身份的鉴别。

(1)指纹识别：指纹是指手指末端正面皮肤上的凸凹不平的纹路，这些皮肤的纹路在图案、断点和交点上各不相同，这些信息就是指纹特征，指纹特征具有唯一性且终生不变，通过比较指纹特征，就可以验证一个人的真实身份。

(2)人脸识别：人脸识别技术是基于人的脸部特征，对输入的人脸图像或者视频流，首先判断是否存在人脸，如果存在人脸，则进一步给出每个脸的位置、大小和各个主要面部器官的位置信息。依据这些信息，提取每个人脸中所蕴含的身份特征，并将其与已知的人脸进行对比，从而识别每个人脸的身份。人脸识别技术包含人脸检测、人脸跟踪和人脸比对三个部分。人脸识别具有便捷性、非强制性、非接触性和并行处理等特点，已广泛应用在各个领域。

(3)虹膜识别：人的眼睛结构由巩膜、虹膜、瞳孔、晶状体、视网膜等部分组成。虹膜是位于黑色瞳孔和白色巩膜之间的圆环状部分，其包含很多相互交错的斑点、细丝、冠状、条纹、隐窝等细节特征。虹膜在胎儿发育阶段形成后，在整个生命历程中保持不变。这些特征决定了虹膜特征的唯一性，因此可以用眼睛的虹膜特征进行个人身份的鉴别。

(4)视网膜识别：视网膜是一些位于眼球后部十分细小的神经，人眼感受光线并将信息通过视神经传给大脑，同胶片的功能有些类似，用于生物识别的血管分布在神经视网膜周围，这种血管分布具有唯一性，除了患有眼疾或者严重的脑外伤外，视网膜的结构形式在人的一生中都相当稳定。视网膜识别使用光学设备发出的低强度光源扫描视网膜上独特的图案。视网膜扫描十分精确，但要求使用者注视接收器并盯着一个点，对于戴眼镜的人来说很不方便，而且与接收器的距离很近，让人不太舒服。所以尽管视网膜识别技术本身很好，但用户的接受程度很低。

(5)DNA 识别：DNA 识别技术是一项生物学检测技术，人体细胞约有 30 亿个碱基对的 DNA，每个人的 DNA 都不完全相同，人与人之间不同的碱基对数目达几百万个，因此通过分子生物学方法显示的 DNA 图谱也因人而异，由此可以识别不同的人。

(6)声音识别：声音识别技术根据说话者的嗓音，通过分析语音的唯一特性，如发音的频率，来识别出说话的人。声音识别技术使得人们可以通过说话者的嗓音来控制其能否出入限制性的区域。它与语言识别的不同在于这项技术不对说出的词语本身进行辨识。

(7)步态识别：步态识别技术旨在从相同的行走行为中寻找和提取个体之间的变化特征，以实现自动的身份识别。这是一种非接触的生物特征识别技术，不需要人的行为配合，特别适合于远距离的身份识别，另外步态不容易伪装。

5.4 访 问 控 制

访问控制就是防止对任何资源进行未授权的访问，从而使计算机系统在合法的范围内使用。访问控制本质上是对资源使用的限制，决定主体是否被授权对客体执行某种操作，即允许被授权的主体对某些客体的访问，同时拒绝向非授权的主体提供服务的策略。

5.4.1 访问控制矩阵

1969 年，Lampson 通过形式化表示方法运用主体、客体和访问控制矩阵(Access Control Matrix)的思想第一次对访问控制问题进行了抽象。主体是访问操作中的主动实体，客体是访问操作中的被动实体，主体对客体进行访问，系统使用访问监控器(Reference Monitor)根据访问控制矩阵来进行访问控制。访问监控器就是监控主体和客体之间授权访问关系的部件。

访问控制矩阵由三元组 (S, O, A) 来定义，其中，$S = \{s_1, s_2, \cdots, s_n\}$ 是主体的集合，对应访问控制矩阵中的行；$O = \{o_1, o_2, \cdots, o_m\}$ 是客体的集合，对应访问控制矩阵中的列；$A = \left[a_{ij} \right]$ 是访问控制矩阵，矩阵元素 a_{ij} 是主体 s_i 在 o_j 上实施的操作，即访问权限，常见的访问权限包括 r (只读)、w (读、写)、a (添加，只写)、e (执行，不读不写)、c (控制)等。

访问控制矩阵如图 5-4 所示，以主体为行索引，客体为列索引，矩阵中的每一个元素表示一组访问权限，第 i 行第 j 列的元素记录着第 i 个主体 s_i 对第 j 个客体 o_j 的访问权限，如图中 a_{ij} 表示主体 s_i 可以对客体 o_j 进行 r 和 w 访问。

	o_1	o_2	$\cdots$	o_j	$\cdots$	o_m
s_1	{r, a, w}			{r}		
s_2				{w}		
$\vdots$						
s_i	{r}	{r, w, c}		{r, w}		{w}
$\vdots$						
s_n	{r}			{r, w, e}		

图 5-4 访问控制矩阵

访问控制矩阵实现的原理很容易理解，但在实际应用中却存在一些问题，例如，在较大的系统中，用户和文件系统要管理的文件很多，访问控制矩阵不仅变得非常大，而且矩阵中的许多元素可能都为空，造成很大的存储空间浪费，因此在现实中实现访问控制很少直接利用矩阵形式。

5.4.2　自主访问控制

定义 5-3　自主访问控制（Discretionary Access Control，DAC）。

自主访问控制是由客体的所有者主体自主地规定其所拥有客体的访问权限的方法。有访问权限的主体能按授权方式对指定客体实施访问，并能根据授权，对访问权限进行转移。

自主访问控制最早出现在 20 世纪 70 年代初期的分时系统中，在目前流行的 Windows、Linux、iOS 和 UNIX 类操作系统中广泛使用。自主访问控制的基本思想是：系统中具有授予某种访问权限的主体（用户或用户进程）可以自主地将其拥有的对客体的访问权限或访问权限的子集授予其他主体。

自主访问控制的实现方法是以访问控制矩阵为基础，但为了提高效率，其实现过程并不保存整个矩阵，而通过基于矩阵的行或列来实现访问控制策略。因此，根据访问控制方法基于访问控制矩阵的行（主体）或列（客体），自主访问控制有两种基本的实现机制：访问控制表（Access Control List，ACL）机制和访问能力表（Access Capabilities List）机制。

（1）访问控制表机制。

访问控制表机制是以访问控制矩阵中的列为中心建立访问控制表，即客体所对应的主体的访问权限。根据图 5-4 的访问控制矩阵，客体 o_j 的访问控制表的结构如图 5-5 所示。

| o_j | $s_1,\{r\}$ | $s_2,\{w\}$ | … | $s_i,\{r,w\}$ | … | $s_n,\{r,w,e\}$ |

图 5-5　访问控制表

访问控制表中登记了特定客体的访问主体名称及访问权限，如 $s_2,\{w\}$ 表示主体 s_2 对客体 o_j 具有 w 权限。利用访问控制表，比较容易查出对特定客体有访问权限的所有主体，能够有效地实施授权管理。同样很容易撤销特定客体的授权访问，只要把该客体的访问控制表置为空。由于访问控制表机制的表述直观、易于理解，目前仍然是一种成熟且有效的自主访问控制实现机制，许多通用的操作系统使用访问控制表来提供访问控制服务。但是该机制的不足是在查询特定主体能够访问的客体时，需要遍历查询所有客体的访问控制表。

（2）访问能力表机制。

访问能力表机制是以访问控制矩阵中的行为中心建立访问权限表，即主体所对应客体的访问权限。根据图 5-4 的访问控制矩阵，主体 s_i 的访问能力表的结构如图 5-6 所示。

| s_i | $o_1,\{r\}$ | $o_2,\{r,w,c\}$ | ... | $o_j,\{r,w\}$ | ... | $o_m,\{w\}$ |

图 5-6 访问能力表

访问能力表中包括客体的名称和 s_i 对该客体的访问能力，如 $o_2,\{r, w, c\}$ 表示主体 s_i 对客体 o_2 具有 r、w 和 c 权限。利用访问能力表可以很方便地查询一个主体的所有访问权限，但是检索具有授权访问特定客体的所有主体，则需要遍历所有主体的访问能力表。

自主访问控制是一种允许主体对访问控制施加特定限制的访问控制策略。根据用户的身份及允许访问权限决定其访问操作，只要用户身份确认后，即可根据访问控制表上赋予该用户的权限进行限制性访问。其优势主要表现在以下几个方面。

(1)自主访问控制是一种对单独用户执行访问控制的过程和措施，能够在一定程度上实现权限隔离和资源保护。

(2)权限的授予和撤销容易，即用户可以随意地将自己拥有的访问权限授予其他用户，之后也可以随意地将所授予的权限撤销。

(3)由于自主访问控制将用户权限与用户直接对应，因此自主访问控制具有较高的访问效率。

尽管自主访问控制为用户提供了灵活和易行的数据访问方式，目前在商业和工业环境中已广泛应用，然而这种方式提供的安全保护容易被未授权用户绕过而获得访问权限。例如，某用户 A 有权访问文件 F，而用户 B 无权访问 F，则一旦 A 获取 F 后再传送给 B，则 B 也可访问 F，其原因是在自主访问策略中，用户在获得文件 F 的访问权限后，并没有限制对该文件的操作，即并没有控制数据信息的分发。所以自主访问控制提供的安全性还相对较低，不能够对系统资源提供充分的保护。

5.4.3 强制访问控制

定义 5-4 强制访问控制(Mandatory Access Control，MAC)。

强制访问控制是由系统根据主、客体所包含的敏感标记(Sensitivity Label)，按照确定的规则，决定主体对客体访问权限的方法。有访问权限的主体能按授权方式对指定客体实施访问。敏感标记由系统安全员或系统自动地按照确定的规则进行设置和维护。

在此，主、客体敏感标记，也称安全标记，是等级分类和非等级类别的组合，是实施强制访问控制的依据。强制访问控制是一种由系统管理员从全系统的角度定义和实施的访问控制，具有较高安全等级的访问控制策略，最早出现在 Mulctis 系统中，在 1985 年美国国防部的 TCSEC 中用作 B 级安全系统的主要评价标准之一。

强制访问控制的基本思想是：系统中的主、客体按照安全等级都被分配一个固定的安全标记，其中客体的安全标记反映了信息的敏感程度，主体的安全标记反映了授权用户不对未授权用户开放敏感信息的信任度，而用户不能改变自身和客体的安全标记，只有管理员才能够确定用户和组的访问权限。强制访问控制通过比较主体与客体的安全标记来决定是否允许主体访问客体，强制性地限制信息的共享和流动，使不同的用户只能访问到与其有关的、指定范围的信息。同自主访问控制相比，强制访问控制提供了更加强硬的控制手段，即它不再让普通用户进行访问控制的管理，而是把所有的权限都归于系统集中管理，保证信息的流动始终处于系统的控制之下。

为了保障信息的保密性，强制访问控制采用的是下读/上写策略，即属于某一个安全等级的主体可以读取本级和本级以下的客体，可以写入本级和本级以上的客体。在这种策略中，低等级的主体不可以读取高等级客体的信息，这样低等级的用户永远无法看到高等级客体的信息，从而保障信息的保密性。但是低等级的主体可以写入高等级的客体，这样低等级的用户可以修改高等级客体的信息，因此信息完整性可能被破坏。目前最典型的保密性策略模型 BLP 就是利用不上读/不下写策略来保障信息保密性的。

同保障保密性策略相反，为了保障信息的完整性，强制访问控制采用的是上读/下写策略，即属于某一个安全等级的主体可以读取本级和本级以上的客体，可以写入本级和本级以下的客体。在这种策略中，低等级的主体不能写入高等级的客体，这样低等级的用户永远无法修改高等级客体的信息，从而保障信息的完整性。但是低等级的主体可以读取高等级客体的信息，这样低等级的用户可以看到高等级客体的信息，因此，信息内容可以无限扩散，从而使信息的保密性无法保障。目前最典型的安全策略模型 Biba 就是利用不下读/不上写策略来保障信息完整性的。

强制访问控制实现了比自主访问控制更严格的访问控制措施，不易使访问权限扩散，导致信息泄露。由于系统权限都是由管理员统一分配的，强制访问控制的最大优势在于资源管理非常集中，可实现严格的权限管理，然而也存在以下三点不足。

(1)根据用户的可信任级别及信息的敏感程度来确定它们的安全等级，在控制粒度上不能满足最小权限原则。

(2)应用领域比较窄，使用不灵活。其一般只用于军事等具有明显等级观念的行业或领域。

(3)完整性方面控制不够。重点强调信息从低安全等级向高安全等级的方向流动，对高安全等级信息的完整性保护强调不够。

由于自主访问控制较弱，而强制访问控制又太强，会给用户带来许多不便。因此，实际应用中，往往将自主访问控制和强制访问控制结合在一起使用。自主访问控制作为基础的、常用的控制手段；强制访问控制作为增强的、更加严格的控制手段。

5.4.4　基于角色的访问控制

基于角色的访问控制(Role Based Access Control，RBAC)是不局限于特定安全策略的访问控制策略描述方法，其基本思想是：在用户与权限之间引入角色的概念，利用角色来实现用户和权限的逻辑隔离，即用户与角色相关联，角色与权限相关联，用户通过成为相应角色的成员而获得相应权限。

从 1996 年发展至今，研究人员已提出了一系列的 RBAC 模型，但得到广泛认可的

主要是由美国 Goegre Mason 大学的 Sandhu 等提出的 RBAC96 模型,并在此基础上,2004
年美国国家标准与技术研究院(National Institute of Standards and Technology,NIST)制定
了 RBAC 国家标准(ANSI INCITS 359—2004),目前最新版本为 ANSI INCITS 359—
2012。标准中的 RBAC 主要分为三大类:核心 RBAC(Core RBAC)、层次化
RBAC(Hierachical RBAC)和约束 RBAC(Constrained RBAC)。

1. 核心 RBAC

核心 RBAC 模型的元素集合和关系定义如图 5-7 所示。核心 RBAC 包括五个元素集
合,分别是用户(Users)、角色(Roles)、客体(Objects)、操作(Operations)和权限
(Permissions)。RBAC 模型整体上是通过把用户分配给角色、给角色分配权限来进行定
义的,因此,角色是一种命名的单个用户和权限之间多对多的关系。此外,核心 RBAC
模型包括一组会话(Sessions),其中每个会话是用户和分配给该用户的激活角色子集之间
的映射。

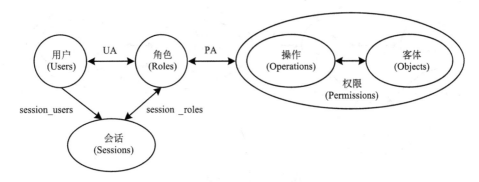

图 5-7 核心 RBAC

在此,用户定义为一个人;角色是组织机构上下文中的一种工作功能,与授予角色
的用户权限和责任相关;权限是对一个或多个 RBAC 保护对象(客体)执行操作的批准;
操作是程序的可执行映像,在调用时为用户执行某些功能。例如,在文件系统中,操作
可能包括读、写和执行;在数据库管理系统中,操作可能包括插入、删除、追加(Append)
和更新。

RBAC 的核心是确定角色关系,图 5-7 说明了用户分配(User Assignment,UA)和权
限分配(Permission Assignment,PA)的关系。箭头表示多对多关系(例如,一个用户可以
分配给一个或多个角色,一个角色可以分配给一个或多个用户)。这种安排为用户分配
角色和权限分配给角色提供了很大的灵活性与粒度。

每个会话对应一个用户可能映射的角色,也就是说,一个用户建立一个会话,在此
期间用户激活分配给他或她的角色的某个子集。每个会话与一个用户关联,每个用户与
一个或多个会话关联。函数 session_roles 提供由会话激活的角色,函数 session_users 提
供与会话关联的用户。用户可用的权限是分配给该用户在当前所有会话中处于活动状态

角色的权限。

核心 RBAC 规范如下。

(1) UA $\subseteq$ Users × Roles，多对多映射的用户-角色分配关系。

(2) PA $\subseteq$ Permissions × Roles，多对多映射的权限-角色分配关系。

(3) session_users(s : Sessions) $\rightarrow$ Users，会话 s 映射到对应的用户。

(4) session_roles(s : Sessions) $\rightarrow 2^{\text{Roles}}$，会话 s 映射到一组角色。

2. 层次化 RBAC

层次化 RBAC 在上面核心 RBAC 的基础上，增加了角色继承(Role Hierarchy, RH)，如图 5-8 所示。如果角色 r_1 继承 r_2，就是 r_1 具有 r_2 的所有权限，且角色 r_1 的用户也有角色 r_2。

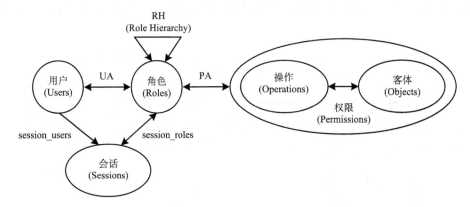

图 5-8　层次化 RBAC

RBAC 标准包含两种继承：①多重继承，一个角色可以继承多个角色，也可以被多个角色所继承；②受限继承，一个角色只能继承某一个角色。这样，一个角色的用户集合既要包含系统管理员分配的用户，还要包含所有继承该角色的其他角色分配的用户。角色的权限集合既要包含系统管理员授予该角色的权限，还要包含通过角色继承所得到的权限。

3. 约束 RBAC

约束 RBAC 在 RBAC 模型中增加了职责分离关系，如图 5-9 所示。职责分离用于执行组织机构可能采用的利益冲突策略，以防止用户超越其职位的合理权限。职责分离包括静态职责分离(Static Separation of Duty，SSD)和动态职责分离(Dynamic Separation of Duty，DSD)。静态职责分离在用户分配和角色继承中引入 SSD 约束。如果两个角色之间存在 SSD 约束，那么当一个用户分配了其中一个角色后，则不能获得另一个角色。例如，公司财务系统中，会计和出纳是两个角色，且存在 SSD 约束，则一个用户配置为会计角色后，就不能再配置为出纳角色。动态职责分离用于用户会话激活角色的阶段，如果两个角色之间存在 DSD 约束，那么系统可以把它们分配给同一个用户，但是该用户不能在同一个会话中同时激活这两个角色。例如，用户登录财务系统时，需要选择角色，若用户选择了会计角色，则在整个会话期间，该用户无法选择出纳的角色进行操作，只能先退出系统，再重新登录系统，选择出纳角色。

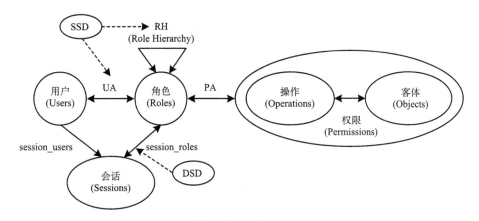

图 5-9　约束 RBAC

RBAC 模型针对用户的授权来说，具有很强的可操作性和可管理性。由于角色的变动远远低于用户的变动，因此 RBAC 的主要优点是策略无关性。其不足主要在于：RBAC 比 DAC 和 MAC 复杂，系统实现难度大，而且，RBAC 的策略无关性需要用户自己定义适合的安全策略，实际上定义众多的角色和访问权限及其关系也是一件非常复杂的工作。

5.5　操作系统安全机制

操作系统的安全性在计算机系统的整体安全性中具有至关重要的作用，没有操作系统提供的安全机制，计算机系统的安全性是没有基础的。由于上层的应用软件要想获得运行的高可靠性和信息的完整性、保密性，必须以操作系统提供的安全机制作为基础，操作系统的安全机制在支持高层应用程序的安全性上有着重要的作用，对整个系统安全的重要性是无可替代的。

5.5.1　Windows 系统安全机制

Windows 系统是一个为个人计算机和服务器用户设计的操作系统，从 1983 年 Microsoft 公司宣布 Windows 系统的诞生到现在推出的 Windows 10 系统，已经历了近 40 年的历史。Windows 系统之所以获得了世界个人计算机操作系统软件的垄断地位，主要归功于用户界面统一、友好、美观，以及丰富的设备无关图形操作和丰富的 Windows 软件开发工具，对于用户来说易学易用。

早期的 Windows 系统，如 Windows 3.x、Windows 95 和 Windows 98 几乎无安全可言。而从以 Windows NT 为内核的系统开始，Microsoft 公司便为 Windows 系统引入了越

来越多的安全机制。下面主要对 Windows 系统常用的安全机制进行介绍,如身份认证机制、访问控制机制、数据保护机制和安全审计机制等。

1. 身份认证机制

Windows 系统最常用的身份认证机制是基于用户名和口令方式。当用户登录系统时,首先启动 Winlogon 程序,监视整个系统登录过程。Windows 系统登录过程如图 5-10 所示。

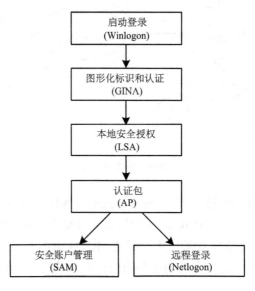

图 5-10　Windows 系统登录过程

Windows 系统登录的具体过程如下:首先,在 Winlogon 程序启动时,同时加载图形化标识和认证(Graphical Identification and Authentication,GINA)动态链接库,提供交互界面为用户登录提供验证请求。GINA 设计成独立的模块,是 Microsoft 公司为系统登录提供的接口,可以满足不同用户的登录要求,如采用 USB Key 或指纹等方式登录系统。然后,GINA 调用本地安全授权(Local Security Authority,LSA),LSA 的作用就是加载认证包(Authentication Packages,AP)管理域间的信任关系,并由 LSA 在安全账户管理(Security Account Management,SAM)数据库中做对比。如果数据匹配,则 LSA 生成一个访问令牌(Access Token),并传递给用户。Windows 系统通过用户的访问令牌实施对用户访问资源的控制。另外,Netlogon 在域间登录时用来建立安全通道,其中登录时所用到的用户名和口令在通道里是加密传输的。

2. 访问控制机制

Windows 系统依靠访问控制表对系统资源访问进行控制,访问控制表分为自主访问控制表(Discretionary Access Control List,DACL)和系统访问控制表(System Access Control List,SACL)两类。

(1)自主访问控制表。DACL 由对象的所有者控制,每个表由表头和零到多个访问控制项(ACE)组成,ACE 决定了用户或用户组对该对象的访问权限。

(2)系统访问控制表。SACL 实际上是一个审计中心,描述了哪些类型的访问请求需要被系统记录。一旦用户访问一个对象,其请求的访问权限和 SACL 中的一个 ACE 符合,那么系统会记录该用户的请求结果。

由于 Windows 系统访问控制机制通过顺序检查 ACL 中的访问控制项来判断用户是否对某个对象具有访问权,因此在访问控制表中,多个 ACE 的排列顺序至关重要。Windows 系统采用的标准排序是:首先安排显式拒绝,其次是显式允许,然后是组拒绝和组允许,如果不使用规范排序可能会导致预想不到的允许或拒绝。

1)访问令牌

用户在登录过程通过身份认证后,将得到其安全标识符(SID)以及所在组的 SID,LSA 根据 SID 信息创建访问令牌,包括用户 SID、其所在组 SID 等信息。用户每新建一个进程,都将复制该访问令牌作为新进程的访问令牌。

2)安全描述

安全描述与每个被访问对象相关联,描述一个对象的安全信息,访问控制表是安全描述的主要组件,为访问对象确定了各用户和用户组的访问权限。安全描述的构成主要包含以下信息:①标记,说明安全描述的含义;②所有者,与安全描述关联的对象的所有者 SID 和其所在组的 SID;③自主访问控制表,确定用户和组对该对象的访问权限;④系统访问控制表,确定该对象上的哪些操作可以产生审计信息。

一个没有访问控制表的对象可以被任何用户以任何方式访问。资源的访问权限共有四种,分别为完全控制(Full Control)、拒绝访问(No Access)、读取(Read)和写入(Write)。

3)访问控制操作

当用户或进程访问某个对象时,访问监控器将用户或进程访问令牌中的 SID 与对象安全描述中的自主访问控制表进行比较,从而决定用户是否有权访问该对象,如图 5-11 所示。

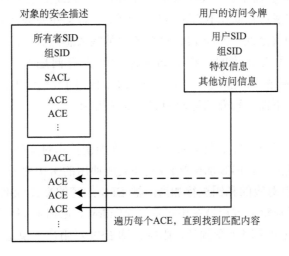

图 5-11　访问令牌和安全描述的关系

Windows 系统利用访问控制表进行访问控制操作时，有以下三种情况：①如果访问对象没有访问控制表，则系统允许所有用户访问该对象；②如果访问对象有访问控制表，但 ACE 为空，则拒绝所有用户访问该对象；③如果访问对象有访问控制表且 ACE 不为空，则根据用户 SID、用户组 SID 及访问控制表的判断规则控制用户是否能访问该对象。

访问控制表的判断规则：①从访问控制表的头部开始，顺序检查每个 ACE，判断是否显式地拒绝用户或用户组的访问；②判断是否显式地授予用户或用户组的访问；③重复前两个步骤，直到遇到拒绝访问，或是累计到所请求的权限均被满足为止；④如果某个请求的访问权限在访问控制表中既没有授权也没有拒绝，则拒绝访问。

请注意，Windows 系统中，当一个用户进程需要访问某个对象时，用户进程并不直接访问该对象，而是由系统用户模式中的 Win32 模块代表进程访问对象，如图 5-12 所示。这样使得进程不必知道直接控制每类对象的具体方式，而是交由操作系统去完成，且由操作系统负责实施进程对对象的访问，也可使对象更加安全。

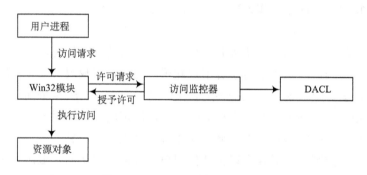

图 5-12　Windows 资源访问方式

3. 数据保护机制

自 Windows 2000 系统开始，Microsoft 公司就在操作系统上采用加密文件系统（Encrypt File System，EFS）实现对存储在 NTFS 磁盘卷上的文件/文件夹进行加、解密的操作，有效地保证数据存储的安全性。然而 EFS 对系统的某些敏感区域如注册表配置单元文件、计算机设备的物理丢失导致的数据失窃或恶意泄露等问题无法实施保护。因此在 Windows Vista 操作系统中，加入了一个称为 BitLocker 的数据保护机制，可以提供磁盘级的数据加密能力。下面分别介绍这两种数据保护机制。

1）EFS

EFS 是 NTFS 独有的一种安全特性，采用对称加密技术对文件/文件夹进行加密，并以密文形式存储在硬盘上。EFS 加密文件/文件夹所使用的密钥由公钥加密技术来保护，即使用用户 EFS 证书对应的私钥进行加密。被 EFS 加密的文件/文件夹只有被授权的用户才能访问，而对用户验证过程是在用户登录 Windows 系统时进行的。因此，授权用户在访问加密的文件/文件夹时不受到任何限制，即 EFS 对用户来说是透明的。

2) BitLocker

BitLocker 驱动器加密是从 Windows Vista 系统开始增加的一个系统级数据保护功能,提供了完整的驱动器加密功能,有效地避免因计算机设备的物理丢失而导致的数据失窃或恶意泄露,也就是说即使未授权用户启动另一个系统或者运行黑客工具软件,以脱机方式浏览存储在受保护驱动器里的数据,也无法读出加密信息,从而提高了数据的安全性。

BitLocker 主要有两种工作模式:TPM(Trusted Platform Module,可信平台模块)模式和 U 盘模式,为了实现更高程度的安全,可以同时启用这两种模式。

(1) TPM 模式:要求计算机中必须具备不低于 1.2 版的 TPM 芯片,其功能是负责生成加密密钥,存储密钥、密码、数字证书以及计算机系统关键部件的度量值。TPM 模式一般只出现在对安全性要求较高的商用计算机或工作站上。

(2) U 盘模式:要求计算机支持 USB 接口,并且需要有一个专用的 U 盘来保存密钥。当计算机 BIOS 支持 USB 启动时,可以将解锁磁盘所需的密钥存储在 U 盘中。开机时插入 U 盘,同样可以解锁加密的磁盘。但这种加密模式,无法实现启动部件的完整性检测。

3) EFS 与 BitLocker 的对比

BitLocker 与 EFS 数据保护机制的共同点是它们对于终端用户来说都是透明的。这主要体现在以下几个方面。

(1) 它们对数据的加解密过程都在后台完成,不需要用户干预。当授权用户访问系统数据时,感受不到这种保护措施的存在。例如,只要在驱动器上实现了 BitLocker 机制,当用户向这个驱动器中存储文件时,操作系统会自动对其加密;当读取文件时,操作系统也会自动对其进行解密。

(2) 当未授权用户试图访问加密数据时,无论 EFS 或 BitLocker 都会发出“访问拒绝”提示,即能够很好地防止用户的非授权访问。

(3) 这两种机制下的用户验证过程都是在登录 Windows 系统时完成的。也就是说,它们的密钥同操作系统的账户关联。因此,在没有授权用户的授权(证书)时,即使未授权用户将文件复制到其他计算机上,拥有了这些文件,也是无法打开的。

尽管 BitLocker 与 EFS 都能够在很大程度上保障数据文件的安全,但它们的加密机制存在很大的差异,主要表现在以下两个方面。

(1) EFS 针对特定的文件或者文件夹进行加密;而 BitLocker 则针对整个驱动器进行加密。也就是说,采用 EFS,用户可以有选择地对一些重要的文件或者文件夹进行加密;而如果采用 BitLocker,用户没有这个选择权,即要么对某个驱动器的所有文件夹进行加密,要么就全部不加密。

(2) 当系统顺利启动后,BitLocker 无法对数据提供保护,而 EFS 加密可以保证系统启动后对用户数据提供保护。因此 BitLocker 加密主要用于系统登录之前,当登录用户环境后,系统所有文件都处于解密状态,这时需要 EFS 加密实现基于用户的文件保护。

4. 安全审计机制

安全审计机制是一种事后追查的安全机制，通过对所关心的事件日志进行记录和分析来实现。其主要目标是检测和判定未授权用户对系统的渗透或入侵，识别误操作并记录进程基于特定安全级活动的详细情况。目前 Windows 系统中的每一项事务都可以在一定程度上被审计。通常 Windows 系统至少维护应用程序日志、系统日志和安全日志这三个相对独立的日志文件，通过它们用户可以详细了解系统的运行情况。

1）应用程序日志

应用程序日志主要记录用户程序和通用应用程序的运行方面的错误活动，包括性能监视审核的事件以及由应用程序或一般程序记录的事件，如失败登录的次数、硬盘使用的情况、数据库中文件错误的记录、某些设备驱动程序加载失败等。

2）系统日志

系统日志记录系统进程和设备驱动程序的活动，主要包括启动失败的设备驱动程序、硬件错误、重复的 IP 地址以及服务启动、暂停和停止等。Windows 系统日志由事件记录组成，每个事件记录为三个功能区：记录头区、事件描述区和附加数据区。事件记录的长度不等，与具体事件相关。

3）安全日志

安全日志通常是应急响应调查阶段最有用的日志，记录同系统安全相关的一些活动，主要包括用户权限的变化、文件和目录访问、打印以及系统登录和注销等。管理员可以指定安全日志中记录的事件类型，如登录审核，那么每一次系统登录尝试将记录在安全日志中。默认情况下，Windows 系统安全日志为空且只有管理员有权查看。

5.5.2 Linux 系统安全机制

Linux 是一种可以免费使用和自由传播的类 UNIX 操作系统，1994 年 1.0 版本的 Linux 内核正式发布，后来由世界各地的程序员参与设计、开发，其目的是建立不受任何商品化软件版权制约的、全世界都能自由使用的 UNIX 兼容产品。

目前，Linux 已发展成一个符合 POSIX 标准的、功能强大的操作系统，实现了全部的 UNIX 特性，由于其出色的性能和稳定性、低廉的成本以及开放源代码特性带来的灵活性和可扩展性，其受到计算机工业界的广泛关注和应用。

Linux 的开放源代码特性不仅在灵活性和扩展性方面赢得了人们的信赖，在安全方面同样也被寄予很高的期望。除符合 POSIX 安全标准外，Linux 系统提供的安全机制主要有身份验证机制、访问控制机制、加密文件系统机制和安全审计机制等。

1. 身份验证机制

Linux 操作系统最常用的身份验证机制是采用用户名和口令的方式，另外还提供了"安全注意键"和可插入身份认证模块（Pluggable Authentication Modules，PAM）两种验证机制。

1)用户名和口令的身份验证机制

系统管理员首先通过 useradd 命令为用户分配唯一的用户名和初始口令,并将相应的信息保存在/etc/passwd 文件中。当用户登录 Linux 系统时,首先启动 getty 进程设置终端属性(如波特率等),然后激活 login 进程并提供登录界面,用户通过登录界面输入用户名和口令,系统再根据/etc/passwd 文件来检查用户提供的用户名和口令是否合法,如果是合法的,则为该用户启动一个 shell。Linux 系统允许用户改变自己的口令,而超级用户可以改变任何用户的口令。

2)"安全注意键"的身份验证机制

为了防止特洛伊木马的攻击,Linux 系统提供了"安全注意键"以防止用户的用户名和口令被窃取,"安全注意键"是 Linux 系统预先定义的。当用户输入这组"安全注意键"时,Linux 系统的安全登录过程如下。

(1)系统通过中断陷入内核,由内核接收并解释用户的输入,若发现是"安全注意键",便杀死当前终端的所有用户进程(包括特洛伊木马)。

(2)重新激活登录界面,为用户提供可信路径。

(3)用户输入用户名和口令,重新进行身份验证并登录系统。

3)PAM 身份验证机制

PAM 最初是由美国 Sun 公司为 Solaris 操作系统开发的一个统一的身份认证框架,之后很多操作系统都实现了对它的支持。PAM 的基本思想是实现服务程序与认证机制的分离,通过一个插拔式的接口,让服务程序插接到接口的一端,认证机制插接到接口的另一端,从而实现服务程序与认证机制的随意组合。

PAM 机制采用模块化设计,具有插件功能,使得开发者可以轻易地在应用程序中插入新的认证模块或替换原有的模块,而不必对应用程序做任何修改。应用程序可以通过 PAM 的 API 接口方便地使用它所提供的各种认证功能,而不必了解太多的底层细节。

2. 访问控制机制

Linux 系统对文件(包括设备)的访问控制是采用简单、有效的基于权限位的自主访问控制机制。但是这种简单的基于权限位的访问控制存在无法实现细粒度的访问控制、超级用户权限过大问题,因此又提出了访问控制表和特权管理机制。

1)基于权限位的访问控制

Linux 系统将使用系统资源的人员分成四类:root(超级用户)、文件或目录的 owner(属主)、group(属组)以及 other(其他)。由于超级用户拥有 Linux 系统的一切权限,故无须对其指定文件和目录的访问权限,而其他三类用户则需要指定访问权限,这种简单的自主访问控制机制又称为"属主/属组/其他"式的访问控制机制,具体实现如下。

(1)Linux 系统采用 3 个八进制数(9 个二进制位)表示各类用户的访问模式,并分为三组,每组代表一类用户对该文件和目录的 3 种访问权限:r(读)、w(写)、x(执行),每种权限用一个二进制位表示。另外,为了区分文件和目录,Linux 系统用"-"表示文件,d 表示目录。Linux 系统的文件访问权限如图 5-13 所示。

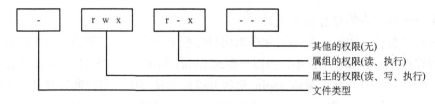

图 5-13　Linux 的文件访问权限

(2) 当用户访问一个文件时,首先确定该用户类型,即是文件的属主、属组还是其他,再找到与该用户匹配的访问权限,从而控制该用户对文件的访问。

自主访问控制机制在一定程度上能够满足文件系统的安全性需求,特殊属性的支持也有利于对系统内特殊文件的保护。但是,这种自主访问控制机制简单地将文件的访问者分为文件的属主、属组、其他三类用户,文件的属主可自主地确定和修改文件的访问权限,不同的访问权限可分别授予属主、属组和其他。三种访问权限也无法表达复杂组织中各成员对文件不同需求的访问。因此,Linux 系统原有的自主访问控制机制不能实现更细粒度的访问授权管理。另外,超级用户具有管理系统的所有权限,导致权限滥用,违背了最小权限原则。

2) 访问控制表

Linux 系统中基于权限位的访问控制是通过 owner(属主)、group(属组)、other(其他)与 r(读)、w(写)、x(执行)的不同组合来实现的。然而随着应用的发展,这些权限组合已不能适应复杂的文件系统权限控制的要求。例如,可能需要把一个文件的读权限和写权限分别赋予两个不同的用户或一个用户和一个组这样的组合。因此,Linux 系统开发出了一套新的文件系统权限管理方法,即访问控制表。

访问控制表可以针对任意指定的用户/组分配 r(读)、w(写)和 x(执行)权限,具体实现为:在基于权限位的访问控制基础上,把属主、属组和其他三类用户扩展为属主、指定用户、属组、指定组和其他五类用户。其中,指定用户类可以包含任意个数的相互独立的用户。同样,指定组类可以包含任意个数的相互独立的用户组。

访问控制表的优点是:可以为细粒度的访问控制提供良好的支持,即针对任意给定的一个文件或目录,可以为任意个数的用户分配相互独立的访问权限,其中权限相互独立是指,改变分配给任意一个用户的权限,不会对其他用户的权限产生影响。

3) 特权管理

在基于权限位的自主访问控制机制中,Linux 系统中的超级用户(root)拥有系统内的所有特权,若未授权用户获得了超级用户账户,就获得了对整个系统的控制权,这样系统将毫无安全性可言。为了消除对超级用户账户的依赖,有效地保证系统的安全性,从内核 2.1 版本开始,Linux 系统开发人员通过在 Linux 内核中引入能力的概念,实现了基于能力的特权管理机制。基于能力的特权管理机制包括如下几种。

(1) 使用能力分割系统内的所有特权,使同一类敏感操作具有相同的能力。

(2) 普通用户拥有部分能力,而超级用户在系统启动之初拥有全部的能力。

(3) 系统启动后,系统管理员为了系统的安全可以剥夺超级用户的某些能力,并且该剥夺过程是不可逆的，也就是说如果一种能力被剥夺，除非重新启动系统，否则无法恢复被剥夺的能力。

(4)进程可以放弃自己的某些能力，该过程也是不可逆的。

(5)进程被创建时拥有的能力由它所代表的用户目前所具有的能力和父进程能力两者的与运算来确定。

(6)当一个进程要进行某个特权操作时,通过检查进程是否具有执行相应特权操作所应该具有的能力对系统资源访问进行控制。

基于能力的特权管理机制可以减小依赖单一账户执行特权操作所带来的风险，具体表现在以下两个方面。

(1)删除超级用户的某些能力对提高系统的安全性很有好处。假设有一台重要的服务器，比较担心可加载内核模块的安全性，而又不想完全禁止在系统中使用可加载内核模块。在这种情况下，系统管理员可以使系统在启动时加载所有的模块，然后删除超级用户的加载/卸载内核模块能力，这样，即使有未授权用户获得了超级用户账户，也不能加载/卸载任何内核模块。所以，在系统启动后，超级用户可以根据实际情况删除超级用户的某些能力。

(2)进程放弃没有必要的能力对于提高安全性是有益的。也就是说，服务器软件程序员应该主动放弃进程的所有多余的能力，以确保系统的安全性。

3. 加密文件系统机制

Linux 系统(内核版本 2.6.19)引入了功能强大的企业级加密文件系统，即 eCryptfs，一种堆叠式加密文件系统，这种加密文件系统可以看成一个加密/解密的转换层，而并不是一个真实的全功能文件系统，也就是说它堆叠在其他文件系统之上(如 EXT4、ReiserFS 等)，为应用程序提供透明、动态、高效和安全的加密功能。其结构如图 5-14 所示。

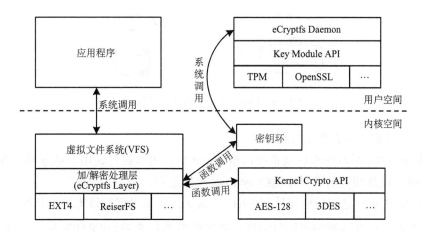

图 5-14 加密文件系统 eCryptfs 的结构

在 Linux 系统中，插入了 eCryptfs 加/解密处理层之后，如果用户要访问的是加密安装点之下的文件，则虚拟文件系统（Virtual File System，VFS）首先启动 eCryptfs 进行文件的加/解密处理，然后由 eCryptfs 启动 EXT4 或其他具体的文件系统对文件进行读或写操作。其中对文件的加密密钥可以放到内核的密钥环中，它是 Linux 系统内核提供的一种密钥管理机制，由密钥环与用户层的 eCryptfs Daemon 一起对 eCryptfs 的密钥进行管理。为了保证文件加密密钥的安全性，eCryptfs 通过用户空间所提供的一些机制和接口，如 TPM、OpenSSL 等对文件的加密密钥进行加密存储。另外，在内核空间中，系统也提供了一些加密的 API 接口供 eCryptfs 对文件进行加密使用。

加密文件系统 eCryptfs 的优点是：用户可以选择对哪些文件或目录进行加密，而且只要用户通过初始身份认证后，对加密文件的访问和普通文件没有区别，完全透明地访问加密文件。另外，在 eCryptfs 加密文件系统的作用下，存放到磁盘上的文件是经过加密的，即使磁盘被窃取，文件的内容也不容易泄露。

4. 安全审计机制

Linux 系统的日志信息主要由审计服务进程 syslogd 来维护与管理，Linux 系统的审计系统结构如图 5-15 所示。

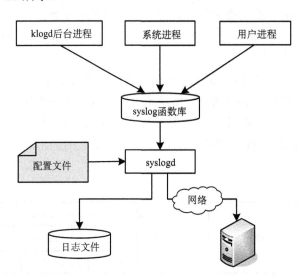

图 5-15　Linux 系统的审计系统结构

Linux 系统审计日志产生过程如下。

（1）系统进程、用户进程以及系统内核 klogd 后台进程通过调用 syslog 函数库中的函数把审计事件以及相关的信息发送给 syslogd 守护进程。

（2）syslogd 守护进程根据配置文件/etc/syslog.conf 中设置的日志种类和处理方式，统一生成日志信息，并送到指定的目的地。其中配置文件/etc/syslog.conf 是一个文本文件，定义了指导 syslogd 守护进程工作的指令，其内容形式如下：

facility.level   action

每行配置信息由两个域构成，左侧第一个域 facility.level 描述日志信息源；右侧第二个域 action 描述日志信息目的地。域 facility.level 中 facility 表示产生日志信息的主体，Linux 系统中产生日志信息的主要主体包括 auth、authpriv、kern、cron、daemon、mail、ftp、syslog 和 lpr 等。域 facility.level 中 level 表示日志的紧迫级别，在 Linux 系统中日志信息的紧迫级别主要有 8 个级别，即紧急(emerg)、警告(alert)、关键(crit)、出错(err)、提醒(warning)、注意(notice)、通知(info)、提示(debug)。域 action 说明日志信息将发往何处，其形式多样，可以是本地或网络上的其他主机。若目的地是本地的日志文件，则 Linux 系统的 syslog 守护进程产生的日志信息主要存放在/var/log 目录下的日志文件中。

Linux 系统中已有的这些日志功能是很不完善的，主要表现在以下方面：①Linux 系统的审计只在各自关心的范围做记录，不能全面表达系统的活动，且内容和格式各异的数据不利于程序的自动分析；②使用简单的文本格式的日志文件所含有的信息量少、存储效率低、可靠性差，非常容易被伪造和篡改。

5.5.3 SELinux 系统安全机制

SELinux(Security Enhanced Linux)源于 20 世纪 80 年代开始的微内核和操作系统安全的研究，由 NSA 等组织设计和开发，是一种基于策略的强制访问控制安全增强系统。SELinux 最初以内核补丁的形式发布到 Linux 社区，随着 LSM(Linux Security Module，Linux 安全模块)核心特性集成到 Linux 内核，支持不同的安全扩展插接到 Linux 内核中，SELinux 于 2003 年开始往 LSM 框架迁移。从 Linux 内核 2.6 版本开始，SELinux 成为 LSM 安全框架下的一种可加载内核安全决策模块。

1. LSM 通用框架

LSM 是一种 Linux 内核支持的轻量级通用访问控制框架，其通用性在于 LSM 在 Linux 内核关键位置处(系统调用逻辑)插入钩子(Hook)函数，这些钩子函数通常放在标准 Linux 访问权限检查后、内核调用真实资源前，通过钩子函数来仲裁用户对内核相关资源的访问请求。

LSM 的钩子函数包括任务钩子、程序装载钩子、进程间通信(Interprocess Communication，IPC)钩子、文件系统钩子、网络钩子、模块钩子和顶层的系统钩子。LSM 并未对这些钩子函数进行具体实现，安全研究人员可以通过实现钩子函数来满足具体的安全访问需求，或者使用主流的安全决策模块来满足安全访问需求。

目前较为经典的 LSM 框架下的安全决策模块包括 SELinux、smack、tomoyo、yama、apparmor 等。每个安全决策模块都通过各自的 XXX_init 函数(例如，selinux_init)调用 register_security 函数注册到 LSM 框架。早期内核版本中一旦安全决策模块被注册加载到内核中，就会成为系统的安全策略决策中心，此时安全决策模块是具有排他性的，不允许其他安全决策模块使用 register_security 函数进行加载。只有使用 unregister_security 注销一个安全决策模块后，下一个安全决策模块才可以被载入(yama 特殊，它可以和别的安全决策模块共存)，但是从 Linux 内核 4.3 版本开始开放了多安全决策模块注册机制，允许多个访问控制安全决策模块同时发挥作用。

如图 5-16 所示，用户在执行系统调用时，LSM 在 Linux 标准访问控制功能基础之上对内核资源访问行为的控制过程如下。

(1)通过文件路径查找描述文件属性的索引结点(Index Node，i 结点)。

(2)通过原有的内核接口执行功能性的错误检查。

(3)传统的 DAC 检查。

(4)在即将访问内核的内部对象之前，通过 LSM 钩子函数调用具体安全决策模块仲裁访问请求是否合法。

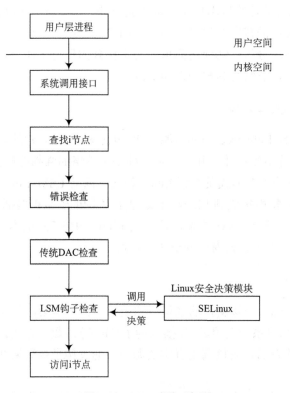

图 5-16　LSM 框架原理

2. SELinux 内核体系结构

2000 年 NSA 在 Linux 内核中实现 Flask 安全体系结构的公共版本，称为 SELinux，即 SELinux 的内核体系结构在微内核的 Flask 安全体系结构基础上实现。SELinux 移植到 LSM 框架下后，保留了 Flask 体系结构的基本特点，即将安全策略的实施功能与安全策略的判定功能分割开。如图 5-17 所示，LSM 框架下 SELinux 内核体系结构主要由三部分组成。

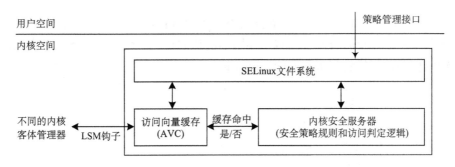

图 5-17　SELinux 的 LSM 结构图

1) 内核安全服务器

内核安全服务器主要负责为使用 SELinux 安全决策模块的系统提供安全策略判定功能，其中安全策略由一系列安全规则标识，这些规则通过策略管理接口载入内核。安全规则可以根据不同的应用场景及安全需求来配置，对不同 Linux 发行版本中的安全目标具有较强的适应性。

2) 内核客体管理器

内核客体管理器负责对其管理的客体资源集强制执行内核安全服务器的安全策略决定，内核客体管理器是一个内核子系统，创建并管理内核级客体。内核客体管理器的实例包括文件系统、进程管理和 System V 进程间通信等。在 LSM 框架中，内核客体管理器是通过 LSM 钩子函数描绘的，这些钩子分布在内核的多个子系统中，调用 SELinux 的 LSM 钩子函数对内核资源的访问请求进行仲裁，通过允许或拒绝对内核资源的访问来强制执行这些安全策略的决定。

3) 访问向量缓存

SELinux 内核体系结构的第三方组件是访问向量缓存（Access Vector Caches，AVC），AVC 缓存主要存放内核安全服务器生成的安全策略规则，为访问权限检查而准备，其目的在于提升访问权限检测验证的性能。AVC 还为 LSM 钩子和内核客体管理器提供了 SELinux 接口，也是内核客体管理器和内核安全服务器间的接口。

3. SELinux 用户空间组件

SELinux 不仅能够对内核资源的访问请求进行安全仲裁，也支持对用户空间资源进行访问控制，目前主要包括两种架构。

1) 基于内核安全服务器架构

如图 5-18 所示，设置用户空间客体管理器，并在其中设立 AVC 保存与用户空间客体资源相关的策略规则，用户空间进行资源访问请求时，首先在用户空间客体管理器的 AVC 中查找安全访问策略规则；如果不能命中，则通过 libselinux 库向内核安全服务器发出访问判定请求。

本架构实现较为简单，但仍存在一些不足之处：①客体类别定义冗余。用户空间的每个客体管理器必须为其所管理的资源定义客体类别，且不能与内核空间的客体类别冲突。②增大内核存储开销。内核安全服务器不仅需要维持内核相关资源的安全策略规则，还要管理并维持用户空间资源不同客体类别间的访问控制策略规则，增大了内核的存储开销，给内核的访问控制带来负面的性能开销。

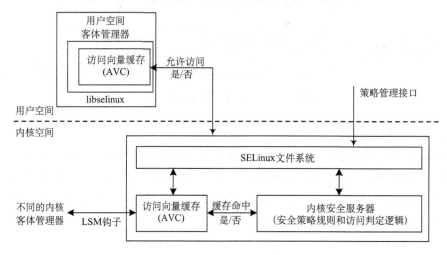

图 5-18　基于内核安全服务器的用户空间客体管理器架构

2) 策略服务器架构

策略服务器架构通过提供用户空间安全服务器来增强支持用户空间客体管理器，用户空间安全服务器实施所有与用户空间资源不同客体类别相关的安全访问策略规则，从而减轻内核的负担。

如图 5-19 所示，策略服务器架构模式下，在用户空间设置策略服务器，策略服务器包括两个部分：用户空间安全服务器和策略管理服务器。其中用户空间安全服务器主要

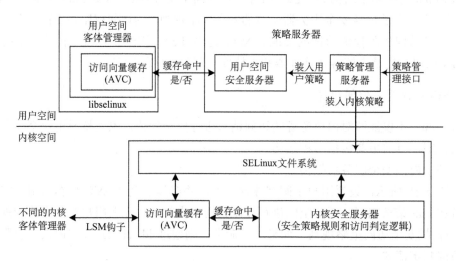

图 5-19　基于策略服务器的用户空间客体管理器架构

处理用户空间资源不同客体类别间的安全策略请求，而不需要在内核中维持用户空间资源的安全策略；策略管理服务器主要是对 SELinux 机制中的所有安全策略进行总体处理，并将其分为内核安全策略和用户安全策略，并将二者分别装载到相应空间的安全服务器中。

4. SELinux 策略配置语言

策略是一套指导 SELinux 进行资源细粒度访问控制的安全规则，定义了文件客体的类型、进程的域、使用限制进入域的角色及访问许可的规则表达式等。策略的源代码用 SELinux 配置语言进行描述。

1) 策略源文件格式

策略源文件的典型命名通常为 policy.conf，其格式如图 5-20 所示，包括客体类别与权限、类型强制声明、约束和客体标签描述等四个部分。

policy.conf

| 客体类别与权限 |
| 类型强制声明
(类型、TE规则) |
| 约束 |
| 客体标签描述 |

图 5-20　策略源文件格式

（1）客体类别与权限。

客体类别与权限部分定义了安全服务器的客体类别和每个客体类别的权限，通常情况下，内核客体的类别和权限在集成 SELinux 的内核源代码中均有明确的定义。以 Linux 3.0 内核版本为例，在系统定义了 40 多种不同的客体类别(class)，每个客体类别定义有相对应的权限。

例如：

```
class file //声明了一个名为file的客体类别
class file {read write getattr} //客体类别file与read、write、getattr三个
//权限相关联
```

在自定义 SELinux 安全策略时，不需要刻意修改客体类别和权限。

（2）类型强制声明。

类型是策略管理中用得最多的部分，是 SELinux 策略中最重要的一部分，包括所有的类型声明和 TE 规则(包括所有的 allow、type_transition 和其他 TE 规则)。在 SELinux 中，访问控制的主要特性是类型强制声明，在主体(进程)与客体之间通过指定 allow 规则(主体的类型(域)是源，客体的类型是目标)进行访问授权，为每个客体类别设置细粒度的许可。

例如：

```
//定义一个进程类型(域)vim_t
type vim_t
domain_type(vim_t)
//定义一个文件类型vim_exec_t;
type vim_exec_t;
domain_entry_file(vim_t,vim_exec_t)
```

设置 TE 规则，示例：<av_kind> <source_type(s)> <target_type(s)> <class(es)> <permission(s)>。

源类型(source_type(s))，是主体或者域(一个进程)的类型。

目标类型(target_type(s))，是客体的类型。

客体类别(class(es))，是访问申请的某一类别资源，如 file。

许可(permission(s))，表示主体对客体访问时允许的操作类型，如 read。

```
//允许vim_t类型的进程对vim_exec_t类型的文件进行append_file_perms操作
allow vim_t vim_exec_t:file append_file_perms;
```

(3)约束。

约束在 TE 规则许可范围之外为 TE 策略提供了更多的限制，如多级安全(MLS)策略就是约束的一种实现。

例如，在 CentOS 7 系统中，有三套默认策略，分别是：①targeted，对大部分网络服务进程进行管制，这是系统默认使用的策略；②minimum，以 targeted 为基础，仅对选定的网络服务进程进行管制；③mls，多级安全保护，对所有的进程进行管制，这是最严格的策略，配置难度较大。

(4)客体标签描述。

所有客体都必须用一个类型标签标记 SELinux 以实施访问控制，本部分主要描述客体标签的分配方法以及运行期间创建的临时客体标签的分配规则。

例如：

```
//类型(域)为unconfined_t 的进程，在执行类型vim_exec_t的文件时，执行后进程的域转
//变为vim_t
type_transition unconfined_t vim_exec_t: process vim_t;
//当在域vim_t的一个进程在类型为user_home_t的目录下创建一个socket文件时，该
//socket文件被赋予vim_exec_t类型
type_vim_t user_home_t:socket_file vim_exec_t;
```

2)策略源文件编译

策略源文件采用 SELinux 固定的策略描述格式编写，需要将其编译为二进制的策略文件，才能被加载到内核供安全服务器所使用。编译模块支持两种方法：①策略头文件编译。支持可装载策略模块的系统应该使用策略头编译模块，例如，安全研究人员也可以根据生产环境自定义适合特殊需求的安全策略模块，每个模块由私有模块策略(.te)、外部接口(.if)和文件标识策略(.fc)3 个源文件组成，利用 m4 宏和 make 将其编译成 XX.pp 的二进制文件，利用工具或命令行如 semodule -l XX.pp 将其插入内核安全策略中即可。

②完全源代码。如果系统不支持可装载策略模块或修改了基本策略时，才使用完全源代码编译。

5.6　数据库系统安全

数据库技术从 20 世纪 60 年代产生至今，已得到快速的发展和广泛的应用。大多数企业、组织机构以及政府部门的电子数据都保存在各种数据库中，数据库成为攻击者攻击的主要目标。数据库系统面临的安全威胁和风险越来越大，数据库系统安全已是信息系统安全的重要组成部分。需要通过数据库管理系统的安全控制机制来保证数据库系统的安全性。

5.6.1　数据库系统安全概述

目前，数据库系统安全还没有形成统一权威的定义，一般来说，数据库系统安全主要体现在保密性、完整性、一致性和可用性等方面。保密性是指保护存储在数据库中的数据不被泄露和未授权获取；完整性是指保护存储在数据库中的数据不被未授权用户破坏和删除；一致性是指确保存储在数据库中的数据满足实体完整性、参照完整性和用户定义完整性要求；可用性是指确保存储在数据库中的数据不因人为的和自然的原因对授权用户不可用。在此，实体完整性要求数据库中表示的任意一个实体都是可区分的，例如，对于关系模型，实体完整性表现为关系的主键值不能为空值，也不能是重复值；关系模型中的参照完整性是指在任意时刻，关系 R1 的某些属性是关于关系 R2 的外键，则该外键的值必须是 R2 中某元组的主键值或为空值；用户定义完整性是指根据应用确定的完整性约束，如价格的有效范围等。

数据库系统面临的安全威胁主要分为自然威胁和人为威胁。自然威胁主要包括地震、火灾和水灾等造成的硬件故障，从而导致数据的损坏和丢失等。抵抗自然威胁的主要对策通常是采用备份和恢复的策略。人为威胁主要是指数据篡改、数据窃取和数据损坏等。数据篡改是指对数据库中的数据未经授权就进行修改，破坏数据的真实性，篡改的动机主要有个人利益驱动、隐匿或毁坏证据、恶作剧、无意识地修改或用户误操作等。数据窃取主要是对敏感数据的未授权访问，使数据库中的机密信息泄露，其原因可能是不满的员工、辞职的员工或工商业间谍等。数据损坏是数据库安全所面临的最严重问题，人为的破坏、恶作剧、病毒等原因，导致数据库中的表、数据甚至整个数据库都有可能被删除、移动或破坏，进而导致数据库中的数据不可用。为了抵抗人为威胁，数据库系统必须提供可靠的安全策略，确保数据库系统安全。

5.6.2　数据库身份认证技术

在数据库系统中数据库管理员的权力至高无上，既负责各项管理工作，如资源分配、用户授权、系统审计等，又可以查询数据库中的一切信息。这种管理机制使得数据库管理员的权力过于集中，存在安全隐患。采用职责分离机制，把数据库管理员分为数据库系统管理员、安全管理员和审计管理员，分别承担不同的职责。这种管理机制真正做到各行其责，相互制约，可靠地保证了数据库的安全性。

数据库身份认证技术是数据库系统提供的最外层安全保护措施，目的是防止未授权用户访问数据库系统。其认证过程为：首先在数据库系统内部保存授权用户的身份信息。每当用户请求进入数据库系统时，需向系统提供自己的身份信息，再由系统对用户身份的合法性进行鉴别，鉴别为授权用户后才能登录数据库系统。目前，身份认证方式主要有以下三种方式：①用户名/口令认证。一般的数据库系统采用用户名加口令的认证方式，规范的用户名和口令设置管理可以有效抵制未授权用户的入侵。②智能卡/USB Key 认证。对于高安全性要求的特殊应用环境，常用的认证方式是基于智能卡/USB Key 与用户名/口令相结合，实现双因素认证。③生物认证技术。基于指纹、虹膜等生物特征的认证技术也是一种可选的认证方式。

1. SQL Server 数据库用户身份认证

访问 SQL Server 数据库中的数据需要通过如下三个级别的认证过程。

（1）Windows 级别的认证，即 Windows 操作系统首先进行身份认证，验证数据库用户是否是操作系统的授权用户。

（2）SQL Server 级别的认证，当用户访问数据库时，验证用户是否是数据库的授权用户。

（3）数据库级的认证，当用户访问数据库中的数据时，验证用户是否具有相应的访问权限。

2. Oracle 数据库用户身份认证

访问 Oracle 数据库中的数据需要通过如下的认证过程。

（1）登录 Oracle 服务器时进行身份认证。

（2）当访问 Oracle 数据库时，验证用户是否是数据库的用户或数据库角色的成员。

（3）当用户访问 Oracle 数据库中的数据时，验证用户是否具有相应的访问权限。

5.6.3　数据库访问控制技术

访问控制是在用户身份得到认证后，根据预先定义的安全策略对主体行为进行限制的机制。数据库访问控制技术确保只授权给有资格的用户访问数据库，防止对数据库中数据的未授权访问。为了实现数据安全，当主体访问客体时，就要进行存取控制合法性检查，检查该用户（主体）是否有资格访问这些数据对象（客体），具有哪些访问权限（如创建、读取、增加、删除、修改等）。若用户的操作请求超出了所授予的访问权限，系统将拒绝此操作请求。

数据库系统中对数据库的存取控制机制要比操作系统中对文件的存取控制机制复杂得多。由于数据库中的粒度有记录、表、属性、字段、值等，因此数据库系统需要对更加精细的数据粒度加以控制。与操作系统的访问控制机制相同，数据库的访问控制机制主要有自主访问控制、强制访问控制和基于角色的访问控制。

1. 自主访问控制

在数据库系统中，自主访问控制就是当用户拥有数据库对象上的某些操作权限及相应的授权时，可以自由地把这些操作权限部分或全部转授给其他用户，从而使得其他用户也获得在这些数据库对象上的操作权限。自主访问控制从用户角度出发，进行分布式授权，具有很强的灵活性，但容易导致权限扩散，只能提供较低的系统安全保护等级。

2. 强制访问控制

在数据库系统中，强制访问控制是首先分别给用户(主体)和数据对象(客体)设定安全等级，并通过用户和数据对象安全等级的比较来确定访问权限，即当用户访问数据库时，首先检查数据对象是否在用户操作权限的范围内，然后检查该用户的操作请求及安全等级与所操作的数据对象的安全等级是否匹配，当两个条件都满足时，才执行用户的操作请求，否则拒绝执行。强制访问控制从系统角度出发，以集中方式对主体进行访问授权，有利于权限管控，能提供较高的系统安全保护等级。

3. 基于角色的访问控制

在数据库系统中，基于角色的访问控制通过先将权限指派给适当的角色，再把角色赋予恰当的用户来实现对用户的授权控制。这种访问控制方式授权方便，访问粒度可调节，具有很强的灵活性，便于实现最小权限原则，能较好符合实际应用环境的需求。

例如，SQL Server 数据库系统可以设置角色来管理用户的权限，通过只对角色进行权限设置来实现对角色中所有用户权限的设置，可以大大减少管理员的工作量。SQL Server 数据库中具有固定服务器角色、固定数据库角色和用户自定义数据库角色等三种类型。

5.6.4　数据库安全审计技术

任何数据库系统采用的安全保护措施都不是完美无缺的，恶意窃取、破坏数据库的人员总是想办法打破保护措施的控制。因此，只有安全保护措施是不够的，还需要随时了解数据库系统的使用情况，在出现问题时能及时发现问题、快速解决问题、尽量减少损失，这就需要数据库系统具有一个完备的审计系统。

数据库安全审计技术就是收集、记录与系统安全有关的活动，并进行分析处理、评估，查找系统的安全隐患，对系统安全进行审核、稽查和计算，追查造成安全事故的原因，并做出进一步的处理。

数据库安全审计功能将用户对数据库的每一次操作，包括事务开始、事务结束以及对数据库的插入、修改和删除等，自动记录下来，便于追查追踪责任人。审计记录一般包括以下内容：终端标识符、用户识别符、处理类型、数据更新前后值等。

5.6.5　数据库加密技术

对于数据库系统中的数据安全性仅仅依靠访问控制加强其保密性是远远不够的。由于该安全措施存在一个明显弱点，即原始数据是以可读的形式存储在数据库中的，入侵者可以从计算机系统的内存中导出需要的信息，或者采取某种方式进入系统，从系统的后备存储器上窃取数据或篡改数据。因此，对于数据库中的数据还可以采用数据加密技术，防止数据库中数据在存储和传输中被窃取。

1. 数据库加密的特点

数据库加密与传统的通信或网络加密技术相比，有其自身的特点。

(1) 数据库加密以后，数据量不应明显增加。

(2) 某一数据加密后，其数据长度不变。

(3) 传统的加密以报文为单位，加解密都是从头至尾进行的。而数据库中的数据必须以字段为单位进行加密，否则该数据库将无法被操作。

(4) 由于数据保存的时间要长得多，对加密强度的要求也更高。

(5) 由于数据库中数据被多用户共享，对加解密的时间要求也更高，要求加解密速度要足够快，不能明显降低系统性能。

2. 数据库加密的方式

目前，数据库系统的体系结构大多是比较流行的三层体系结构：操作系统层、数据库系统的内核层和数据库系统的外层，因此可以在三个不同层次实现对数据库数据的加密。

1) 操作系统层

在操作系统层，由于无法辨认数据库文件中的数据关系，从而无法产生合理的密钥，也无法进行合理的密钥管理和使用。因此，在操作系统层对数据库文件进行加密，对于大型数据库来说，目前还难以实现。

2) 数据库系统的内核层

在数据库系统的内核层实现加密，是指数据在物理存取之前完成加解密工作。这种加密方式的优点是加密功能强，而且几乎不会影响数据库系统的功能。但是，数据库系统和加密器(硬件或软件)之间的接口需要数据库系统开发商的支持，另外，加解密运算在服务器端进行，加重了数据库服务器的负载。

3) 数据库系统的外层

目前比较实际的方式是将数据库加密系统做成数据库系统的一个外层工具。其优点是加解密运算放在客户端进行，减轻了数据库服务器的负载并可实现网上传输加密。但是加密功能会受到一些限制。

3. 数据库加密的粒度

数据库加密的粒度可以分为四类：表、属性、记录和数据元素。各种加密粒度的特点不同，一般来说粒度越小灵活性越高，但实现起来越复杂，对系统运行效率影响越大。

(1)表加密：加密对象是整个表，这种加密方法类似于系统中文件加密的方法，用密钥对每个表进行加密运算形成密文后存储。这种方法最简单，但有时会把许多不需要加密的记录或数据元素一起进行加密操作，造成巨大的资源浪费，效率很低。

(2)属性加密：也称位域加密或字段加密，加密对象是列。这种方法可以根据属性的机密程度进行选择，相比表加密灵活性更高，系统开销少。

(3)记录加密：对每一条记录进行加密，通常的加密方式是在各自密钥的作用下，将数据库的每一条记录加密成密文并存放于数据库文件中。由于密文数据一般不能代替明文数据进行算术运算和关系运算，因此，采用这种方法使数据库不能实现索引、连接、统计、排序等多种操作，并会影响数据库管理系统某些原有功能的作用。

(4)数据元素加密：加密对象是记录中的每个字段。采用这种方法需要加密的数据量大，更加灵活，但是系统开销最大。

5.6.6 虚拟专用数据库技术

虚拟专用数据库(Virtual Private Database，VPD)技术是一种细粒度的、基于内容的记录级访问控制机制。其基本思想是动态、透明地给数据库访问语句附加上适当的谓词，从而能够根据具体的安全需求限定用户所能访问的数据记录，即为特定的安全需求提供特定的数据库数据记录。例如，某种安全需求要求用户能够查看所有的数据记录；用户只能插入和更新所在部门的数据记录；用户只能删除自己的数据记录。由于谓词是透明地附加到数据库访问语句上的，用户可能根本注意不到，就好像系统为他提供了一个定制的专用数据库，这就是虚拟专用数据库。

1. VPD 技术的工作原理

VPD 技术是把安全策略绑定到表、视图等数据库对象上实施的一种访问控制机制。针对需要保护的数据库表，可以定义多种安全策略，每种安全策略通过一个策略函数来实现。每个策略函数包含模式名和表名两个参数，从而使得一个策略函数和特定模式下的特定表相关联。每个策略函数产生一个字符串类型的返回值，构成一个谓词。

当用户对受保护的数据库表进行访问时，系统就启动与该表关联的策略函数，策略函数产生相应的谓词并构造出一个 WHERE 子句，附加到原始的访问语句上，这样，原始的访问语句就更改为新的访问语句。通过存储过程来添加安全策略，并需要给出模式名、表名、安全策略名和策略函数名等信息。

当使用 SQL 语句访问带安全策略的表或视图时，VPD 技术自动在该 SQL 语句上附加 SQL 谓词(WHERE 子句)，例如，当输入 SELECT * FROM Person 语句时，可以使用

VPD 添加 WHERE DEPT = 20 子句(20 代表部门号),这样查询出来的结果永远都是受到限制的,只能查到该部门下的人员信息。

VPD 技术的优点是:实现面向数据的安全支持,提供数据安全与应用程序的相对独立。在 VPD 技术框架下,修改安全策略时无须变更应用程序;修改应用程序时也不必变更安全策略。

2. 基于访问类型的访问控制

基于访问类型的访问控制预先将一个或多个安全策略与要保护的数据库表或视图相关联,当用户对保护的表或视图进行访问时,数据库将调用一个实施该安全策略的函数,策略函数返回一个访问条件(WHERE 子句),即谓词,并附加到用户的访问语句,从而动态修改用户的数据访问权限。

安全策略可以针对 SELECT、INSERT、UPDATE、DELETE 或 INDEX 等具体类型的访问语句实施。针对 INDEX 类型语句的安全策略将会影响 CREATE INDEX 和 ALTER INDEX 等命令的操作。默认情况下,一个安全策略将实施到所有类型的数据库访问语句中,即对所有类型的访问语句实施控制。如果使一个安全策略只针对一类或几类语句实施控制,可以在添加安全策略时进行说明,通过 statement_types 指定访问语句的类型。

例如,针对 INSERT 和 UPDATE 操作创建一个安全策略,该安全策略创建后,只要用户在模式 SCOTT 中的表 EMPLOYEES 上执行插入或更新操作,系统就调用模式 SEC_MGR 中的策略函数 user_only 实施访问控制。

策略函数定义如下:

```
BEGIN
DBMS.RLS.add_policy
(object_schema              ⇒ "SCOTT",
object_name                ⇒ "EMPLOYEES",
policy_name                ⇒ "EMPLOYEES_IU",
function_schema            ⇒ "SEC_MGR",
policy_function            ⇒ "user_only",
statement_types            ⇒ "INSERT、UPDATE",
update_check               ⇒ "TRUE");
END;
```

3. 面向敏感字段的访问控制

面向敏感字段的访问控制就是针对数据库表中的敏感字段启动访问控制功能。把一个表中的某些字段确定为敏感字段,当且仅当用户对表中的敏感字段进行访问时,启动相应的 VPD 安全策略进行访问控制,如果用户只对表中的其他字段进行访问,则不进行访问控制。例如,将用户 HR 下的 EMPLOYEES 表中的工资(SALARY)列为敏感字段,可以控制不让其他用户查询该列的值。当其他用户检索该列时,会发现其值全都为空。

面向敏感字段的访问控制对于支持机密性安全需求的实现具有重要意义,可以把敏感字段和非敏感字段存放在一起,同时又能确保敏感信息不会泄露给无关用户。

例如,单位的员工工资是敏感的,在单位人员信息表中,可以确定工资字段(SALARY)为敏感字段,利用 VPD 技术面向敏感字段的访问控制,可以允许任何用户查看人员信息表中除工资(SALARY)字段外的所有信息,而只允许用户查看自己的工资信息。

下面定义了一个面向 SALARY 敏感字段的 SELECT 策略:

```
BEGIN
DBMS.RLS.add_policy
(object_schema              ⇒ "SCOTT",
object_name                ⇒ "EMPLOYEES",
policy_name                ⇒ "EMPLOYEES_SEL_SAL",
function_schema            ⇒ "SEC_MGR",
policy_function            ⇒ "user_only",
statement_types            ⇒ "SELECT",
sec_relevant_cols          ⇒ "SALARY");
END;
```

上面策略中 sec_relevant_cols 选项的值指定了 SALARY 字段为敏感字段,也指定了所创建的安全策略 EMPLOYEES_SEL_SAL 为面向敏感字段的安全策略,当且仅当查询操作涉及 SALARY 字段时,该安全策略才实施控制。

5.6.7 基于标签的安全机制

美国 Oracle 公司实现的 OLS(Oracle Label Security,Oracle 标签安全)机制,是从 BLP 安全模型发展而来的一种经典的数据库强制访问控制机制,实现面向数据库记录的 OLS 强制访问控制。

1. OLS 机制的工作原理

基于 OLS 机制实现基于标签的访问控制如下。

(1)创建安全策略:基于标签实现访问控制的策略,描述访问控制的标签信息、授权信息和需保护的数据库对象信息。

(2)定义标签元素:定义构成标签的等级、类别和组别等元素。

(3)创建标签:根据应用系统的安全策略,利用定义的标签元素创建实际使用的标签。

(4)把安全策略(标签)实施到数据库的表或模式中:给表增加一个用于描述标签的字段,并建立相应的基础支持机制,以支持基于标签的记录级数据库安全性。

(5)为用户建立基于标签的访问授权:把标签指派给用户,这里的用户可以指单个用户或用户组。安全机制根据用户标签与数据库记录标签的比较决定主体是否能访问客体。

定义 5-5 OLS 安全标签:OLS 安全标签用如下的三元组定义。

(等级,类别,组别)

其中,等级是有序的,任意两个等级之间是可以比较大小的;类别通常与集合对应,类别之间没有大小之分；组别之间可以形成层次关系，如美国、纽约和洛杉矶三个分组中，美国包含纽约和洛杉矶。标签中，等级元素必须取 1 个值，类别和组别元素可以取 0 个、1 个或多个值。

下面列举几个 OLS 安全标签的例子。

安全标签 1：（绝密）。

安全标签 2：（绝密，{海军}）。

安全标签 3：（绝密，{海军}，{纽约}）。

安全标签 4：（机密，{海军，空军}，{纽约，洛杉矶}）。

2. 访问控制读/写规则

在给用户分配标签时，要结合标签中的类别和组别进行相应的授权，授权操作可以针对标签中的类别和组别指定读和写等权限。读权限表示允许用户对相应类别或组别的记录执行 SELECT 操作，写权限表示允许用户对相应类别或组别的记录执行 INSERT、UPDATE 和 DELETE 操作。

1）访问控制的读规则

当用户请求对数据库记录进行读操作时，OLS 机制根据以下规则进行访问判定。

（1）用户标签中的等级必须大于或等于记录标签中的等级。

（2）用户标签中的组别至少包含记录标签中的一个组别，并且用户拥有对该组别的读权限。

（3）用户标签中的类别必须包含记录标签中的所有类别。

2）访问控制的写规则

当用户请求对数据库记录进行写操作时，OLS 机制根据以下规则进行访问判定。

（1）记录标签中的等级必须大于或等于用户标签的最小等级。

（2）记录标签中的等级必须小于或者等于用户会话标签中的等级。

（3）用户会话标签中的组别至少包含记录标签中的一个组别，并且用户拥有对该组别的写权限。

（4）用户会话标签中的类别必须包含记录标签中的所有类别。

（5）如果记录标签不含组别，用户必须对记录标签中的所有类别拥有写权限；如果记录标签含有组别，用户必须对记录标签中的所有类别拥有读权限。

5.7　备份与恢复

备份与恢复作为系统安全的一个重要内容，其重要性却往往被人们所忽视。只要发生数据传输、数据存储和数据交换，就有可能产生数据故障。此时，如果没有采取数据备份与恢复措施，就会导致数据的丢失，有时造成的损失是无法弥补和衡量的。误操作、供电故障、硬件故障、突发事件、自然灾害等，都可能导致系统的瘫痪。一场灾难的降临可能使企业数据毁于一旦。2001 年美国 "9·11 事件" 中，世贸大楼 150 家金融机构瞬间灰飞烟灭，与这些金融机构同时消失的，还有它们的客户资料、重要数据。在众多金融机构中，摩根士丹利证券公司却浴火重生，仅仅两天之后，就成功地通过位于新泽西州的灾备中心恢复了营业。因此，依靠适当的备份与恢复机制，对系统中重要的数据进行备份，以便在灾难后及时有效地恢复数据，对确保企业业务的正常运行意义重大。

针对数据灾难发生的后果，美国得克萨斯州大学的一次调查显示："只有6%的公司可以在数据丢失后生存下来、43%的公司会彻底关门、51%的公司会在两年之内消失。"美国明尼苏达大学的研究也表明，在遭遇灾难的同时又没有灾难恢复计划的企业中，将有超过60%的企业在2~3年后退出市场。随着企业对数据处理依赖程度的递增，该比例还有逐渐上升的趋势。

在考虑企业对灾难备份和业务连续性管理的需求时，数据恢复的级别是一个重要的指标。灾难恢复的时间越短，成本就越高，时间拖延越长，业务停顿损失就越大。战略研究公司的数据表明，重要信息系统停机，经纪(证券)业每小时的损失是650万美元，信用卡业是260万美元，电子购物业是11万美元。

5.7.1 备份与恢复的基本概念

备份是为了应对自然灾难或人为错误而对数据集合采取的一种保护措施，将备份对象复制到另一个独立的存储系统中。备份副本应与备份对象分开存放甚至在异地存储，以便在意外或灾难发生时能够进行系统恢复，将损失降到最小。系统备份是为了增强系统的可用性和安全性，防止系统失效而进行的周期性工作。

恢复是其逆过程。系统恢复是指当发生灾难性事故时，能利用已备份的数据或其他手段，及时对原系统进行恢复，以保证系统能够正常运行及相应数据和软件的完整性。

(1)完全备份。完全备份(Full Backup)是对某一个时间点上的所有数据进行的一个完全复制。当发生数据丢失时，只要用一份最新的完整数据副本，就可以将系统完全恢复到某一特定时间点的状态。

完全备份的优点是：①具有完整的数据副本。这意味着如果需要恢复系统，可以方便地使用完整的数据副本。②快速访问备份数据。完整的数据副本包含硬盘上特定时间点的所有数据，所以不需要搜索多盘磁带查找需要恢复的数据。

完全备份的缺点是：①重复数据。完全备份保存有重复数据，因为每次执行完全备份时，都将更改和未更改的数据复制到磁带中。②备份时间长。完全备份所有的数据，需要更长的执行时间。

(2)增量备份。增量备份(Incremental Backup)是在一次备份后，每次只需备份与前一次相比增加或者被修改的数据。当存在多个增量备份且备份对象之间存在关联关系时，多个增量备份之间的时间点、顺序与备份对象一致。增量备份的原理如图5-21所示。恢复系统时，必须使用完全备份磁带(无论多旧)和以后的所有增量备份磁带。例如，若系统在周五早晨发生故障，那么就需要先将系统恢复到周四晚上的状态，管理员需要先找出最近的完全备份磁带(如本周一)进行系统恢复，再找出本周二的增量备份磁带来恢复周二的数据，然后找出周三的增量备份磁带来恢复周三的数据，最后找出周四的增量备份磁带来恢复周四的数据。

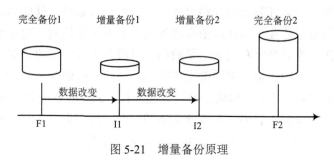

图 5-21　增量备份原理

增量备份的优点主要是：①备份时间短。只对最近一次完全备份或增量备份以后被修改或创建的数据进行备份，备份过程可以在更短的时间内完成。②有效利用备份介质。与其他备份类型相比，增量备份占用的磁带空间更少。

增量备份的缺点主要是：①复杂的完整恢复过程。完整的系统恢复可能需要从更多的磁带恢复数据，因为自最近一次完全备份后，数据可能会分散到多盘磁带上。②恢复过程时间长。执行恢复过程常常意味着在多盘磁带上寻找需要的数据。

（3）差分备份。差分备份（Differential Backup）是每次备份的数据是相对于上一次完全备份之后新增加的和修改过的数据。其原理如图 5-22 所示。系统恢复时，需要完全备份磁带和发生灾难前的差分备份磁带。

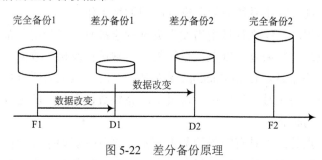

图 5-22　差分备份原理

差分备份的优点是：完整恢复系统使用的磁带更少，速度比增量备份快。

差分备份的缺点是：①更长时间和更大容量的备份。与增量备份相比，差分备份需要更多的磁带空间和更长的备份时间，离最近一次完全备份的时间越长，需要复制到差分备份磁带的数据越多。②备份时间逐步增加。执行一次完全备份后，要备份的数据量每天都在增加，每次差分备份的时间逐步增加。

上述三种备份方式各有优缺点，用户在制定备份策略时，可采有多种方式的组合。例如，根据备份数据量及备份时间的长短，在周末进行完全备份，在每天晚上进行差分备份或者增量备份。

5.7.2　典型的备份拓扑

备份系统结构分为两类：根据备份设备与备份服务器的连接方式不同分为直连存储

备份和基于网络的备份；根据应用流量与备份流量是否在同一网络分为独立流量备份和混合流量备份。

1. 直连存储备份

直连存储备份是最简单的一种数据备份方式，大多采用服务器上自带的磁带机、备份硬盘或通过一根数据线(如 SCSI 总线、光纤等)把存储设备连接到需要备份的服务器上，而备份操作往往也是通过手工操作的方式来进行备份的，如图 5-23 所示(其中虚线代表数据流向)。这种方式简单、易用、数据传输速度快，适用于小型企业用户进行简单的文档备份。其主要的不足是可管理的存储设备少，不利于备份系统的共享，而且备份设备与服务器之间不能相隔太远，不太适合大型的数据备份要求。

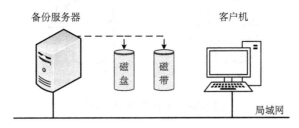

图 5-23　直连存储备份

2. 基于网络的备份

基于网络的备份是备份设备通过网络与备份服务器相连，相连的网络可以是局域网和存储区域网(Storage Area Network，SAN)，因此基于网络的备份又分为基于局域网(LAN-based)的备份和基于存储区域网(SAN-based)的备份。

1)基于局域网的备份

基于局域网的备份中，备份数据的传输以局域网为基础，备份服务器可以直接接入局域网内。在这种结构中，预先配置一台服务器作为备份服务器，负责整个系统的备份操作。磁带则接在该备份服务器上，当需要备份数据时把数据通过局域网传输到磁带中实现备份，其结构如图 5-24 所示(其中虚线代表数据流向)。这种结构的优点是投资经济、磁带共享、集中备份管理，适合小型办公网络环境下的数据备份。其缺点是对网络传输压力大，当备份数据量大或备份频率高时，局域网的性能下降快，不适合重载荷的网络应用环境。

网络系统中与实际应用相关的数据流量称为应用流量，而与备份操作相关的数据流量称为备份流量。基于局域网的备份中，应用流量与备份流量通过同一个局域网进行数据传输，这种方式会相互干扰，影响实际应用，因此一般在晚上或周末进行备份操作。

2)基于存储区域网的备份

基于存储区域网的备份将磁带和磁盘阵列各自作为独立的光纤节点连接到存储区域网，多台服务器共享磁带备份时，备份数据流不再经过局域网而直接从磁盘阵列传到磁带内，是一种无须占用局域网带宽的解决方式，如图 5-25 所示。这种方式解决了基于局域网的备份中因占用局域网带宽而带来的网络瓶颈问题。这种方式将应用流量与备份流量分开，各自通过不同的网络连接进行数据的传输，互不干扰，备份操作可随时进行。

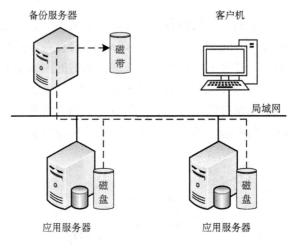

图 5-24　基于局域网的备份

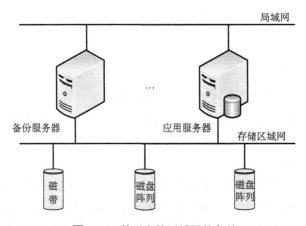

图 5-25　基于存储区域网的备份

建立在存储区域网基础上的具有代表性的解决方案有以下两种。

(1)LAN-free 备份。LAN-free 备份是指数据无须通过局域网而直接通过存储区域网进行备份，即用户只需将磁带备份设备连接到存储区域网中，各应用服务器就可把需要备份的数据直接发送到共享的备份设备上，不必再经过局域网，其备份方式如图 5-26 所示(其中虚线代表数据流向)。这种备份方式由于服务器到共享存储设备的大量数据传输是通过存储区域网进行的，局域网只承担各应用服务器之间的通信任务，而无须承担数据传输的任务，同基于局域网的备份相比，其最大的优势就是实现了控制流和数据流的分离。但 LAN-free 仍然让应用服务器参与了备份，即备份数据时需从一个存储设备转移到另一个存储设备，在一定程度上占用了应用服务器的 CPU 和内存。

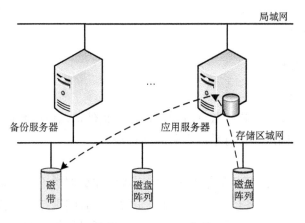

图 5-26　LAN-free 备份

（2）Server-free 备份。Server-free 备份是 LAN-free 备份的延伸，采用无应用服务器备份技术，使备份数据能够在存储区域网中的两个存储设备之间直接传输，通常是在磁盘阵列和磁带之间，其备份方式如图 5-27 所示（其中虚线代表数据流向）。

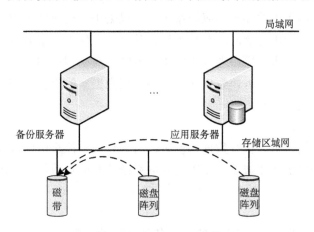

图 5-27　Server-free 备份

同 LAN-free 备份相比，Server-free 备份的主要优点有：①减少对应用服务器系统资源的消耗。Server-free 不需要在应用服务器中缓存数据，明显减少对应用服务器 CPU 的占用。②缩短备份及恢复所用时间。因为备份过程在专用高速存储区域网上进行，决定吞吐量是存储设备的速度，而不是应用服务器的处理能力，所以系统性能得到大大提升。③备份数据以数据流的形式可传输给多个磁带或磁盘阵列。

尽管采用 Server-free 备份可以大大减轻应用服务器的负担，但仍需要备份应用软件来控制备份过程，即需要特定的备份应用软件进行管理。

5.7.3　备份与恢复方式

1. 热备份和冷备份

1) 热备份(联机备份)

热备份也称联机备份,执行数据备份时,用户仍然可以访问数据。热备份在系统处于联机状态下进行,因此备份时系统中断时间最少。

热备份的优点如下。

(1) 无服务中断现象:在备份过程中,应用程序和数据对用户是完全可用的。

(2) 无须在非工作时间备份:可以安排在正常工作时间进行联机备份。

(3) 完整或部分备份:备份既可以是完整的,也可以是部分的。

热备份的缺点如下。

(1) 在备份过程中,应用服务器的性能可能会下降。

(2) 有些打开的数据文件可能无法得到备份,这取决于备份过程中哪些应用程序处于活动状态。

请注意,对于高可用性要求的应用系统,可以采用双机热备份的方式提高系统的可用性。例如,采用两台服务器同时在线工作,其中一台作为主服务器提供服务,另一台作为备份服务器,当主服务器出现故障停止服务时,自动切换到备份服务器提供服务。考虑到应用数据的一致性要求,数据库系统和应用数据一般都存放在磁盘阵列中,两台服务器通过存储区域网连到磁盘阵列。

2) 冷备份(脱机备份)

冷备份也称脱机备份,执行数据备份时,首先让用户停止访问数据。执行冷备份是通过让系统和服务脱机而完成的。在需要获取系统的时间点镜像或应用程序不支持热备份时,使用冷备份。

冷备份的优点如下。

(1) 通过脱机备份,可以在完全或部分备份之间进行选择。

(2) 可以将服务器专用于备份任务,脱机备份可以产生更好的备份性能。

(3) 所有数据都将得到备份,因为不存在正在运行的程序。

冷备份的缺点是:导致服务中断,即在备份过程中不能向用户提供服务。

2. 本地备份和异地备份

根据备份介质存放的位置可将数据备份分为本地备份和异地备份。本地备份是在本硬盘的特定区域备份数据。异地备份是指备份的数据保存在异地,即将数据备份到存储介质(如光盘、存储卡、磁带等介质)上,再转移到异地,也可以通过网络直接在异地备份。异地备份的数据至少不能存放在同一建筑物内。业务数据由于系统或人为误操作造成损坏或丢失后,可及时利用本地备份实现数据恢复;当发生地域性灾难,如地震、火灾、水灾等,可使用异地备份实现数据及整个系统的再恢复。

请注意，对于高可用性要求的应用系统，可以建设异地备份中心，当主数据中心不能提供服务时，可以切换到异地备份中心提供服务。

3. 数据恢复

数据损坏后进行的恢复，通常有三种方式：第一种是全部恢复；第二种是个别文件恢复；第三种是重定向恢复。

(1) 全部恢复。全部恢复也称系统恢复，一般在服务器发生意外灾难导致数据全部丢失、系统崩溃或是有计划地进行系统升级和重组时。这种恢复需要在平时进行模拟练习，保证备份和恢复能够进行。

(2) 个别文件恢复。由于操作人员的失误，个别文件损坏的可能性很高，需要恢复指定文件。

(3) 重定向恢复。重定向恢复是将备份的文件恢复到另一个不同的位置或系统上，而不是进行备份操作时所在的位置。重定向恢复可以是全部恢复也可以是个别文件恢复。重定向恢复时需要慎重考虑，确保系统或文件恢复后的可用性。

5.7.4　数据备份恢复要求

在《信息安全技术　网络安全等级保护基本要求》(GB/T 22239—2019)中，针对安全计算环境，每一等级都规定了数据备份恢复的不同要求，如表 5-1 所示。

表 5-1　GB/T 22239—2019 中的数据备份恢复要求

等级	本地	异地
第一级	提供重要数据的本地备份与恢复功能	—
第二级	同第一级	提供异地备份功能，利用通信网络将重要数据定时批量传送至备用场地
第三级	同第一级 增加：提供重要数据处理系统的热冗余，保证系统的高可用性	提供异地实时备份功能，利用通信网络将重要数据实时备份至备用场地
第四级	同第三级	同第三级 增加：建立异地备份中心，提供业务应用的实时切换

5.8　本　章　小　结

(1) 系统安全是信息安全的基础，主要包括安全模型、身份鉴别、访问控制、操作系统安全机制、数据库系统安全、备份与恢复等技术。

(2) 安全模型对安全策略所表达的安全需求进行简单、精确和无歧义的描述，是安全策略的一个清晰的表达方式。BLP 是一种多级安全策略模型，用于保证保密性，Biba 是一种完整性策略模型，用于保证完整性，它们最早应用于 Multics 操作系统中。

（3）身份鉴别的核心是通过某人知道的内容、某人拥有的物品和某人的唯一特征来识别确认身份，常用口令、动态口令、短信验证码、USB Key 和生物特征等身份鉴别技术。

（4）访问控制技术防止对任何资源进行未授权的访问，主要包括自主访问控制、强制访问控制和基于角色的访问控制等。

（5）自主访问控制是由客体的所有者主体自主地规定其所拥有客体的访问权限的方法。有访问权限的主体能按授权方式对指定客体实施访问，并能根据授权，对访问权限进行转移。强制访问控制是由系统根据主、客体所包含的敏感标记，按照确定的规则，决定主体对客体访问权限的方法。有访问权限的主体能按授权方式对指定客体实施访问。敏感标记由系统安全员或系统自动地按照确定的规则进行设置和维护。

（6）数据库系统的安全技术主要包括身份认证技术、访问控制技术、安全审计技术和加密技术等，还包括虚拟专用数据库技术和基于标签的安全机制等。

（7）备份是为了应对自然灾难或人为错误而对数据集合采取的一种保护措施，将备份对象复制到另一个独立的存储系统中。系统恢复是指在发生灾难性事故时，能利用已备份的数据或其他手段，及时对原系统进行恢复，以保证系统正常运行及相应数据和软件的完整性。

习　　题

1. 简述 BLP 模型的安全特性和优缺点。

2. 简述 Biba 模型的安全规则和优缺点。

3. 简述 Chinese Wall 模型的安全特性。

4. 简述常用的身份鉴别技术。

5. 简述什么是自主访问控制和强制访问控制。其主要区别是什么？

6. Windows 系统中，EFS 和 BitLocker 两种加密技术的主要区别是什么？

7. Linux 系统下如何实现对用户身份的验证？如何对文件进行访问控制？

8. 数据库安全中主要采用哪些安全技术？

9. 什么是完全备份、增量备份和差分备份？

10. 典型的备份拓扑有哪几种？请对比其优缺点？

第6章 可信计算技术

6.1 可信计算概述

现代计算机体系结构的诞生，当时是为了解决科学计算问题，只考虑能完成计算任务的逻辑组合，也不可能想到还有人利用逻辑缺陷进行攻击。随着计算机和网络技术的飞速发展，利用逻辑缺陷对计算机系统进行攻击获取利益成为永远命题，这就是网络安全的本质。例如，2017 年 5 月 12 日，一款名为 WannaCry 的勒索病毒攻击席卷全球，一天时间有近 150 个国家受害，仅当天我国就有数十万例感染报告。病毒经多次变种，勒索了工业控制系统等各种网络系统。

当前大部分网络安全系统主要由防火墙、入侵监测和病毒查杀等组成，这种"封堵查杀"难以应对利用逻辑缺陷的攻击并且自身也存在安全隐患。首先，"封堵查杀"是被动的防护，根据已发生过的特征库内容进行比对查杀，面对层出不穷的新漏洞与攻击方法，只能把防火墙越砌越高、入侵监测越做越复杂、恶意代码库越做越大，误报率也随之增多，使得安全的投入不断增加，维护与管理变得更加复杂和难以实施；其次，"封堵查杀"属于超级用户，违背了最小权限原则，在高安全等级的系统中需要三权分立，严禁超级用户；最后，"封堵查杀"也可以被攻击者利用，恶意查杀，成为网络攻击的平台。近年来，"震网"、"火焰"和"WannaCry 勒索病毒"等重大安全事件频频发生，显然，"封堵查杀"的被动防御已经过时，网络安全正面临严峻挑战。

可信计算正是为了解决计算机和网络结构上的不安全，从根本上提高安全性的技术方法，可信计算从逻辑正确验证、计算体系结构和计算模式等方面进行技术创新，以解决逻辑缺陷不被攻击者所利用的问题，确保完成计算任务的逻辑组合不被篡改和破坏，实现正确计算。

6.1.1 可信计算的概念

可信计算的概念最早可以追溯到 1985 年美国国防部公布的《可信计算机系统评估准则》(TCSEC)，第一次提出了可信计算机和可信计算基(TCB)的概念，并把 TCB 作为系统安全的基础。

目前，关于可信计算的概念还没有形成统一的共识，不同的专家学者和组织机构有不同的解释，主要有以下几种定义。

1999 年，国际标准化组织与国际电工委员会在 ISO/IEC 15408 标准中定义可信为：参与计算的组件、操作或过程在任意的条件下是可预测的，并能够抵御病毒和物理干扰。

2002 年，可信计算组织(Trusted Computing Group，TCG)用实体行为的预期性来定义可信：一个实体如果它的行为总是以预期的方式，达到预期的目标，则这个实体就是可信的。

我国信息安全专家沈昌祥提出主动免疫可信计算的思想：主动免疫可信计算就是计算运算的同时进行安全防护，以密码为基因实施身份识别、状态度量、保密存储等功能，及时识别"自己"和"非己"成分，从而破坏与排斥进入机体的有害物质，相当于为网络信息系统培育了免疫能力。可以说，可信计算就是一种运算和防护并存的主动免疫的新计算模式。

6.1.2　可信计算的发展阶段

可信计算在近 40 年的研究过程中，含义不断地拓展，由侧重于硬件的可靠性、可用性到针对硬件平台、软件系统、服务的综合可信，适应了互联网上应用不断拓展的发展需要。根据可信计算的特性、结构和机理等的不同，可将可信计算的发展划分为三个阶段。

1. 以容错计算为代表的可信计算

可信计算的起源最早可追溯到 20 世纪 70 年代，较早期学者对可信系统研究（包括系统评估）的内容主要集中在操作系统自身安全机制和支撑它的硬件环境，此时的可信计算称为 Dependable Computing，与容错计算（Fault-tolerant Computing）领域的研究密切相关。这一阶段研发出的许多容错技术已用于目前普通计算机的设计与生产。1971 年，国际容错计算会议的首次举行被认为是可信计算发展过程的重要里程碑，从此开始了人们对可信计算的研究。

这一阶段主要解决大型机时代主机可靠性的问题，针对计算机部件不稳定的问题，采取冗余备份、故障诊断、容错算法等技术，确保信息系统在局部故障的情况下仍能保持运行符合预期，但并没有对恶意代码、黑客攻击等威胁提出针对性的解决方案。

2. 以 TCG 为代表的可信计算

1999 年，Intel、Compaq、HP、IBM 和 Microsoft 等著名 IT 企业发起成立了可信计算平台联盟（Trusted Computing Platform Alliance，TCPA）。其主要思想是通过在硬件平台上引入安全芯片架构，来提高终端系统的安全性，从而将部分或整个计算平台变为可信的计算平台。其主要目标是解决系统和终端的完整性问题。2003 年 4 月 8 日，TCPA 改组为 TCG，TCG 在原 TCPA 强调安全硬件平台构建的宗旨之外，进一步增加了对软件安全性的关注，其目的是从跨平台和操作环境的硬件组件及软件接口两方面，促进与厂商独立的可信计算平台工作标准的制定。

TCG 是一个非营利性组织，旨在研究制定可信计算的工业标准。TCG 制定了一系列的可信计算技术规范，如可信 PC 规范、可信平台模块（TPM）规范、可信软件栈（TCG Software Stack, TSS）规范、可信网络连接（Trusted Network Connection, TNC）规范等，而且 TCG 不断地对这些技术规范进行完善和版本升级，部分规范已成为国际标准。

本阶段经过了十多年的研究和发展，在 PC 层面解决了可信问题，主要针对计算结点的安全性，通过 TPM、可信软件栈等可信功能模块，向系统提供被动的可信度量机制。

3. 以中国为代表的主动免疫可信计算

我国从自身国情和技术出发，为推动可信计算产业的发展，提出了"1+4+4"的可信计算标准框架，构建了以中国密码为基础，以自主可控 TPCM（Trusted Platform Control Module，可信平台控制模块）为可信根的可信计算体系。"1"指的是可信密码；前一个"4"指的是四个主体标准，包括 TPCM、可信平台主板、可信基础软件和可信网络连接；后一个"4"指的是四个配套标准，包括可信计算体系结构、可信服务器、可信存储和可信测评。整个标准框架在 2006～2008 年，由北京工业大学牵头，联合四十多家企事业单位，完成了四个主体标准和四个配套标准的立项与研究工作，形成了可信框架体系基础。之后，可信计算相关的国家标准已陆续发布，见表 6-1。

表 6-1 中国可信计算标准发布状态

编号	标准名称	发布状态
1	《信息安全技术 可信计算规范 可信平台主板功能接口》	2013 年 11 月 12 日 GB/T 29827—2013
2	《信息安全技术 可信计算规范 可信连接架构》	2013 年 11 月 12 日 GB/T 29828—2013
3	《信息安全技术 可信计算密码支撑平台功能与接口规范》	2013 年 11 月 12 日 GB/T 29829—2013
4	《信息安全技术 可信计算规范 服务器可信支撑平台》	2018 年 9 月 17 日 GB/T 36639—2018
5	《信息安全技术 可信计算规范 可信软件基》	2019 年 8 月 30 日 GB/T 37935—2019
6	《信息安全技术 可信计算 可信计算体系结构》	2020 年 4 月 28 日 GB/T 38638—2020
7	《信息安全技术 可信计算规范 可信平台控制模块》	2021 年 10 月 12 日 GB/T 40650—2021

2014 年 4 月 16 日，由中国工程院沈昌祥提议，中国电子信息产业集团有限公司、中国信息安全研究院有限公司、北京工业大学、中国电力科学研究院等 60 家单位联合发起，经北京市民政局批准，正式成立了以中国可信计算产业链企业、高校及科研院所为合作基础的中关村可信计算产业联盟，目前该联盟已有成员单位 250 多家，宣告了我国可信计算产业化时代的正式到来。

6.2 可 信 根

可信根（Root of Trust）由三部分构成，分别是可信度量根（Root of Trust for

Measurement，RTM)、可信存储根(Root of Trust for Storage，RTS)和可信报告根(Root of Trust for Reporting，RTR)。RTM 是一个能够可靠进行完整性度量的计算引擎，是信任传递链的起始点；RTS 是一个能够可靠进行安全存储的计算引擎；RTR 是一个能够可靠报告可信存储根所存储信息的计算引擎。可信根可以对应 TPM、可信密码模块(Trusted Cryptography Module，TCM)和 TPCM。

6.2.1　TPM

TCG 于 2003 年开始制定 TPM 规范，2009 年 ISO/IEC 接受 TPM 1.2 规范成为国际标准，其编号为 ISO/IEC 11889-1～4:2009，2015 年 TCG 又发布了 TPM 2.0(编号为 ISO/IEC 11889-1～4:2015)，由于 TPM 2.0 与 TPM 1.2 并不兼容，与 TPM 1.2 相比，TPM 2.0 有如下改进：①吸收了 TPM 1.2 和 TCM 的优点，在密码算法上更加灵活，TPM 2.0 增加了对称密码算法的支持；②解决了不同国家的本地需求，保持较好的兼容性，如国内的 TPM 2.0 芯片可以支持 SM2、SM3 和 SMS4 国密算法；③TPM 1.2 实现为一个安全芯片，TPM 2.0 规范主要提供一个参考以及可能实现的方式，并没有限制必须以安全芯片的形式存在，如可以基于虚拟技术或者 ARM TrustZone、Intel TXT 等进行构建。TPM 2.0 体系结构及功能模块如图 6-1 所示。

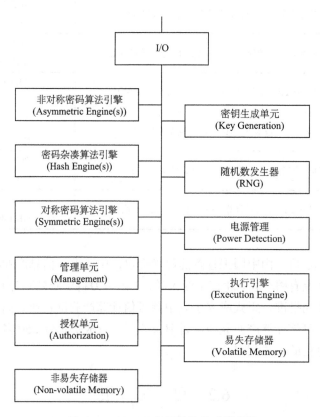

图 6-1　TPM 2.0 体系结构及功能模块

图 6-1 中，各功能模块说明如下。

非对称密码算法引擎：支持 RSA、ECC 算法，用于远程证明、身份证明和秘密共享。

密码杂凑算法引擎：支持 SHA-1 和 SM3 等杂凑算法，用于完整性检查和身份验证。

对称密码算法引擎：支持 AES、SMS4 算法，用于加密命令参数。

管理单元：管理 TPM 内部资源。

授权单元：向 TPM 证实用户拥有使用 TPM 内部资源的权限。

非易失存储器：存储长期密钥、完整性信息、所有者授权信息等数据。

密钥生成单元：生成普通密钥和主密钥。

随机数发生器：生成随机数的单元。

电源管理：负责常规的电源管理。

执行引擎：TPM 的运算执行单元。

易失存储器：存储临时数据。

I/O：负责 TPM 与外界以及 TPM 内部各模块之间的通信。

可信支撑软件是操作系统层面安全应用可以调用可信计算平台提供的可信服务接口，从而为用户提供可信服务。TSS 是可信计算平台上 TPM 的支撑软件，其作用主要是为操作系统和应用软件提供使用 TPM 的接口。目前，TSS 主要有 TSS 1.2 和 TSS 2.0 两个版本，分别对应 TPM 1.2 和 TPM 2.0 标准。

6.2.2　TCM

2007 年 12 月国家密码管理局发布了《可信计算密码支撑平台功能与接口规范》，2013 年 11 月国家质量监督检验检疫总局(现已整合为国家市场监督管理总局)和国家标准化管理委员会以此为基础发布了国家标准《信息安全技术　可信计算密码支撑平台功能与接口规范》(GB/T 29829—2013)。其中，可信计算密码支撑平台的产品形态主要表现为 TCM 和 TCM 服务模块(TCM Service Module，TSM)。TCM 是可信计算平台的硬件模块，为可信计算平台提供密码运算功能，具有受保护的存储空间。TSM 是可信计算密码支撑平台内部的软件模块，为平台外部提供访问 TCM 的软件接口。TCM 可以采用独立的封装形式，也可以采用 IP 核的方式和其他类型芯片集成在一起，提供 TCM 功能。TCM 体系结构及功能模块如图 6-2 所示。

图 6-2 中各功能模块说明如下。

SMS4 引擎：执行 SMS4 对称密码运算的单元。

SM2 引擎：产生 SM2 密钥对和执行 SM2 加解密、签名运算的单元。

SM3 引擎：执行杂凑运算的单元。

随机数发生器：生成随机数的单元。

HMAC 引擎：基于 SM3 引擎的计算消息认证码单元。

执行引擎：TCM 的运算执行单元。

非易失存储器：存储永久数据的存储单元。

易失存储器：存储临时数据的存储单元。

I/O：TCM 的输入/输出硬件接口。

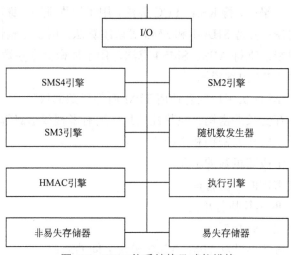

图 6-2　TCM 体系结构及功能模块

可信计算密码支撑平台以 TCM 为可信根，通过以下三类机制及平台自身安全管理功能，实现平台安全功能。

1) 平台完整性

以可信度量根(RTM)为起点，建立系统平台信任链(Trust Chain)，利用密码机制，通过对系统平台组件的完整性度量，确保系统平台完整性，并向外部实体可信地报告平台完整性，确保系统平台可信。

2) 平台身份可信

以可信报告根(RTR)为基础，利用密码机制，标识系统平台身份，实现系统平台身份管理功能，并向外部实体提供系统平台身份证明，确保平台身份可信。

3) 平台数据安全保护

基于可信存储根(RTS)，利用密码机制，保护系统平台敏感数据。其中数据安全保护包括平台自身敏感数据的保护和用户敏感数据的保护。另外其也可为用户数据保护提供服务接口。

6.2.3　TPCM

TPCM 是一种集成在可信计算平台中，用于建立和保障信任源点的硬件核心模块，为可信计算提供完整性度量、安全存储、可信报告以及密码服务等功能。TPCM 具有主动控制和度量功能，通过访问 TCM 获取可信密码功能，而 TPM 和 TCM 都是被动调用模块，这是两者显著的区别。

6.3　信　任　链

信任链是在计算系统启动和运行过程中使用完整性度量方法在部件之间所建立的信任传递关系。

　　完整性度量分为静态度量(Static Measurement)和动态度量(Dynamic Measurement)两种方法。静态度量是在系统启动过程中以及启动后确保系统资源静态完整性的可信度量方法。动态度量是在系统运行过程中，对系统完整性和行为安全性进行测量和评估的可信度量方法。

　　信任链的主要作用是建立在可信根的基础上，将信任关系扩展到整个计算平台。信任链可以通过可信度量机制来获取各种影响平台可信性的数据，并通过将这些数据与预期数据进行比较，来判断平台的可信性。

6.3.1　基于 TCG 的信任链技术

　　TCG 利用计算机启动序列中的数据完整性来判断平台的可信状态。计算机的启动序列为：①系统启动，BIOS 取得控制权，建立一个基本的输入/输出子系统初始化硬件设备；②BIOS 将控制权传递给操作系统装载器(OS Loader)，加载操作系统内核(OS Kernel)；③操作系统装载器将控制权传递给操作系统内核，操作系统内核安装各种设备驱动和服务；④系统启动完毕，等待执行应用程序(Applications)。

　　由上可知，计算机执行各种任务时，其控制权将在不同的实体之间传递。用户如何判定计算机处于可信状态还是受到了恶意攻击？TCG 采用度量、存储、报告机制来解决这一问题，对平台启动序列的可信性进行度量，并对度量的可信值进行安全存储，当用户询问时提供报告。因此，首先要记录系统的启动序列和在启动序列中的可信度量结果，然后才能通过报告启动序列和可信度量结果，来向用户报告平台的可信状态。

　　基于 TCG 的信任链技术就是记录系统的启动序列和在启动序列中的可信度量结果的一种实现技术。图 6-3 给出了基于 TCG 的信任传递和执行流程，其中，可信度量根核(Core Root of Trust for Measurement, CRTM)是 BIOS 中最先执行的一段代码，是整个信任链度量的起始点，用于对后续启动部件进行完整性度量。可信构建块(Trusted Building Block，TBB)是实例化可信根所需的组件或组件集合，通常特定于平台，是没有屏蔽的可信根的一部分。例如，一个 TBB 包括 CRTM、CRTM 存储和主板间的连接、CRTM 存储与 CPU 之间的路径、TPM 与主板间的连接，以及 CPU 和 TPM 之间的路径。

　　(1)系统加电启动时，CRTM 首先对 BIOS 的完整性进行度量。度量过程通常就是计算 BIOS 当前代码的可信值(杂凑值)，并把计算结果与预期值进行比较。如果两者一致，则说明 BIOS 没有被篡改，是可信的。如果不一致，则 BIOS 的完整性遭到了破坏，是不可信的。

　　(2)如果 BIOS 是可信的，那么可信边界就从 CRTM 扩展到 CRTM+BIOS，于是执行 BIOS。

　　(3)BIOS 对 OS Loader 进行度量。OS Loader 包括主引导记录(Master Boot Record，MBR)、操作系统引导扇区等。

　　(4)如果 OS Loader 是可信的，则可信边界就扩展到 CRTM+BIOS+OS Loader，于是执行 OS Loader。

　　(5)OS Loader 在加载 OS Kernel 之前，度量 OS Kernel。

(6)如果 OS Kernel 是可信的，则可信边界就扩展到 CRTM+BIOS+OS Loader+OS Kernel，于是加载并执行 OS Kernel。

(7)当 OS Kernel 启动以后，由 OS Kernel 对 Applications 的完整性进行度量。

(8)如果 Applications 是可信的，则可信边界就扩展到 CRTM+BIOS+OS Loader+OS Kernel+ Applications，于是 OS Kernel 加载并执行 Applications。

上述过程如同一根链条一样，环环相扣，因此称为信任链。

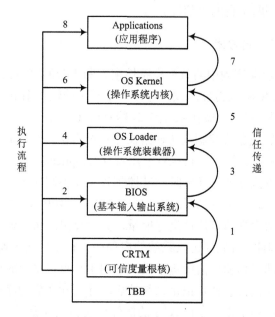

图 6-3　基于 TCG 的信任传递和执行流程

6.3.2　基于 TPCM 的信任链技术

基于 TPCM 的信任链技术就是把 TPCM 作为信任链的可信根，扩展度量模块（Extended Measurement Module，EMM）作为度量代理结点，通过完整性度量，实现信任传递与扩展。BIOS 存储在初始只读存储器（Boot ROM）中，是计算机启动过程中提供最底层硬件设置的固件，在结构上分为初始引导模块（Boot Block）和主引导模块（Main Block）两部分。Boot Block 是最先被中央处理器（CPU）执行的一段平台初始引导模块，负责初始化最基本的平台部件；Main Block 是在 Boot Block 之后被执行的代码，负责初始化除在 Boot Block 中已经被配置的平台启动部件。基于 TPCM 从开机到操作系统内核（OS Kernel）装载之前的信任链传递和执行流程如图 6-4 所示。

图 6-4 中的各过程描述如下。

（1）TPCM 在 Boot ROM 执行前启动，由 TPCM 中的可信度量根（RTM）度量 Boot ROM 中的 Boot Block，生成度量结果和日志，并存储于 TPCM 中。

（2）TPCM 发送控制信号，使中央处理器、控制器和随机存储器等复位；平台加载并执行 Boot ROM 中的 Boot Block 代码。

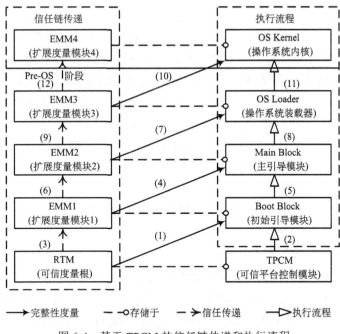

图 6-4 基于 TPCM 的信任链传递和执行流程

(3) Boot Block 中的 EMM1 获得系统执行控制权，信任从 RTM 传递到 EMM1。

(4) EMM1 度量 Boot ROM 版本信息和 Main Block 中的 EMM2 代码；EMM1 存储度量结果到 TPCM 中的平台配置寄存器(PCR)并存储度量日志。

(5) 平台加载并执行 Main Block 中 EMM2 的代码。

(6) Main Block 中的 EMM2 获得系统执行控制权，信任从 EMM1 传递到 EMM2。

(7) EMM2 将在(1)步骤中存储在 TPCM 中的日志存储到日志存储区(Log Storage Area, LSA)中；EMM2 将在(4)步骤中存储在 Boot Block 中的日志存储到 LSA 中；EMM2 度量平台启动部件，包括显卡、硬盘、网卡等外部设备；在完成对平台启动部件的度量后，EMM2 度量存储在外存中的 OS Loader；EMM2 生成对平台启动部件和 OS Loader 的度量结果及日志，度量结果存储到 TPCM 的 PCR 中，度量事件日志保存到 LSA 中。

(8) 平台加载并执行 OS Loader 的代码。

(9) OS Loader 中的 EMM3 获得系统执行控制权，信任从 EMM2 传递到 EMM3。

(10) EMM3 度量 OS Kernel，生成度量结果和日志，度量结果存储到 TPCM 的 PCR 中，度量事件日志保存到 LSA 中。

(11) 平台加载并执行 OS Kernel 的代码。

(12) OS Kernel 中的 EMM4 获得系统执行控制权，信任从 EMM3 传递到 EMM4。

6.3.3 两种信任链的区别

(1) 基于 TCG 的信任链技术中，以 CRTM 为信任链的起始点，也就是 BIOS 引导区中第一段运行的用于可信度量的代码，CRTM 与 TPM 合在一起为可信根，其中，CRTM

为可信度量根，TPM 为可信存储根、可信报告根。TPM 的平台完整性度量属于一种被动的度量方式，系统启动时，必须先启动 BIOS，对硬件和系统检测完毕后，BIOS 加载 TPM 芯片才能发挥度量作用，这给黑客入侵、攻击 BIOS 提供了机会。

(2)基于 TPCM 的信任链技术中，TPCM 为信任链的起始点，是系统的可信根，在 TCM 基础上加以可信根控制功能，实现了以密码为基础的主动控制和度量。TPCM 先于 BIOS 启动，并主动对 BIOS 进行验证，验证通过后，通过电源和总线控制机制允许 BIOS 运行。TPCM 先于 BIOS 启动保证了对系统的控制，防止可信机制被系统绕过。将 TPCM 设计为主动控制结点，实现了 TPCM 对整个平台的主动控制。

6.4 我国可信计算标准介绍

6.4.1 可信平台主板功能接口

国家标准《信息安全技术 可信计算规范 可信平台主板功能接口》(GB/T 29827—2013)于 2013 年 11 月发布，并于 2014 年 2 月 1 日实施。标准规定了可信平台主板的组成结构、信任链建立流程和功能接口，适用于基于 TPCM 的可信平台主板的设计、生产和使用。

1. 可信平台主板组成结构

可信平台主板由通用主板、TPCM 和扩展度量模块(EMM)组成，实现从开机到操作系统内核加载前的平台可信引导功能。通用主板主要包括中央处理器、随机存储器、输入/输出接口、Boot ROM 等。可信平台主板组成结构如图 6-5 所示。

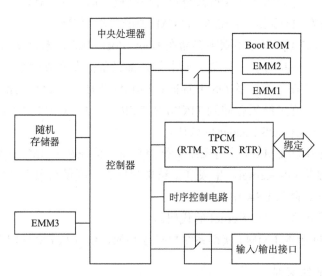

图 6-5 可信平台主板组成结构

1) 可信平台主板

(1) 可信平台主板嵌入 TPCM，支持 TPCM 功能，实现信任链传递的计算机主板。

(2) 可信平台主板包括中央处理器、控制器、随机存储器、TPCM、Boot ROM 固件层支撑模块及其设备驱动程序和 TPCM 嵌入式系统等实体。

(3) 可信平台主板支持 TPCM 对输入/输出接口的控制，TPCM 最少但不限于控制以下输入/输出接口的开启或关闭：USB、PS/2、PCIE、PCI、SATA、串口、并口、网络接口。

(4) 可信平台主板和 TPCM 具有一对一的绑定关系。

(5) TPCM 与可信平台主板其他部件的协作关系满足如下要求：①在中央处理器执行 Boot ROM 代码前，TPCM 先启动；②TPCM 通过电路连接，可靠地读取平台 Boot ROM 的初始引导模块 (Boot Block)；③TPCM 中的 RTM 对 Boot ROM 中的 Boot Block 进行完整性度量和度量结果的存储。

2) TPCM

(1) TPCM 由物理硬件、嵌入式系统、对外的接口等实体组成，是可信平台的唯一可信根，包括 RTM、RTS 和 RTR。

(2) TPCM 通过系统总线连接到可信平台主板的控制器。

3) 扩展度量模块

EMM 作为 RTM 的扩展度量模块，实现对执行部件的完整性度量和信任链传递。根据其在系统中的启动顺序，分为 EMM1、EMM2 和 EMM3 三个执行部件。

EMM1：嵌入于 Boot ROM 的初始引导模块 (Boot Block) 中，被 RTM 度量；EMM1 负责对主引导模块 (Main Block) 和 EMM2 进行完整性度量。

EMM2：嵌入于 Boot ROM 的 Main Block 中，被 EMM1 度量；EMM2 负责对 OS Loader 和 EMM3 进行完整性度量。

EMM3：嵌入于 OS Loader 中，被 EMM2 度量；EMM3 负责对 OS Kernel 进行完整性度量。

EMM 通过 TPCM 提供的接口，访问 TPCM，存储度量结果和日志。

2. 信任链建立流程

TPCM 作为信任链的可信根，EMM 作为度量代理结点，通过完整性度量，实现信任传递与扩展。基于 TPCM 的从开机到操作系统内核装载之前信任链传递和执行流程在图 6-4 中做了介绍。

3. 功能接口

可信平台主板的功能接口如图 6-6 所示，包括与底层 TPCM 的接口和与上层应用之间的接口。在 TPCM 上建立设备驱动层 (TPCM Device Driver，TDD) 实现主板可信应用功能对底层 TPCM 的调用。在 TDD 之上，建立 TPCM 服务提供层 (TPCM Service Provider) 对 TDD 进行再封装，为上层应用提供更高层次的接口，简化上层编程实现。

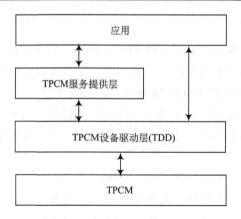

图 6-6　可信平台主板功能接口

6.4.2　可信连接架构

国家标准《信息安全技术　可信计算规范　可信连接架构》(GB/T 29828—2013)于 2013 年 11 月发布,并于 2014 年 2 月 1 日实施。标准规定了可信连接架构(Trusted Connect Architecture,TCA)的层次、实体、组件、接口、实现流程等,解决终端连接到网络的双向用户身份鉴别和平台鉴别问题,实现终端连接到网络的可信网络连接,适用于具有 TPCM 的终端与网络的可信网络连接。

如图 6-7 所示,可信连接架构是一种基于三元对等实体鉴别的可信网络连接架构,实现双向用户身份鉴别和平台鉴别。

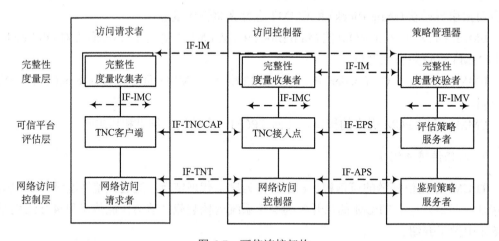

图 6-7　可信连接架构

在图 6-7 中,包含访问请求者(AR)、访问控制器(AC)和策略管理器(PM)三个实体,每个实体中的矩形方框表示实体中的组件,带名称的双向虚线箭头表示组件之间相应的接口。

(1)访问请求者是请求接入受保护网络的实体,其功能为:向 AC 发送访问请求,基于 PM 实现与 AC 之间的双向用户身份鉴别和平台鉴别，依据本地所做出的访问决策执行访问控制。

（2）访问控制器是控制 AR 访问受保护网络的实体，其功能为：基于 PM 实现与 AR 之间的双向用户身份鉴别和平台鉴别，依据本地所做出的访问决策执行访问控制。

（3）策略管理器是 AR 和 AC 的集中管理方，其功能为：充当 AR 和 AC 的可信第三方，协助 AR 和 AC 实现它们之间的双向用户身份鉴别和平台鉴别。

在图 6-7 中，从下至上分为三个抽象层。

（1）网络访问控制层。网络访问控制层包含网络访问请求者（NAR）、网络访问控制器（NAC）和鉴别策略服务者（APS），其中 NAR 和 NAC 之间的接口为可信网络传输接口（IF-TNT）；NAC 和 APS 之间的接口为鉴别策略服务接口（IF-APS）。IF-INT 和 IF-APS 定义了网络传输机制和访问控制机制，用于实现网络访问控制层的用户身份鉴别功能、网络传输功能和访问控制功能。

（2）可信平台评估层。可信平台评估层包含 TNC 客户端（TNCC）、 TNC 接入点（TNCAP）和评估策略服务者（EPS）。其中 TNCC 和 TNCAP 之间的接口为 TNC 客户端 TNC 接入点接口（IF-TNCCAP）；TNCAP 和 EPS 之间的接口为评估策略服务接口（IF-EPS）。IF-TNCCAP 和 IF-EPS 定义了平台鉴别基础设备（PAI），用于实现可信平台评估层的平台鉴别功能。

（3）完整性度量层。完整性度量层包含完整性度量收集者（IMC）和完整性度量校验者（IMV）。其中 IMC 和 IMV 之间的接口为完整性度量接口（IF-IM）。IF-IM 定义了 IMC 和 IMV 之间的消息交互。IMC 运行在 AR 和 AC 上，它收集 AR 和 AC 的平台完整性度量值，并发送给相应的 IMV。IMV 运行在 PM 上，它校验和评估所接收到的 AR 和 AC 的平台完整性度量值。

AR 和 AC 都具有 TPCM。AR 请求访问受保护网络，AC 控制 AR 对受保护网络的访问，PM 对 AR 和 AC 进行集中管理。AR 和 AC 基于 PM 来实现 AR 和 AC 之间的双向用户身份鉴别和平台鉴别，其中平台鉴别包括平台身份鉴别和平台完整性评估。PM 在用户身份鉴别和平台鉴别过程中充当可信第三方。平台完整性评估包含两个阶段：第一阶段，校验平台完整性度量值是否被篡改；第二阶段，评估平台完整性度量值是否与相应的基准完整性度量值相同。

6.4.3　可信软件基

国家标准《信息安全技术　可信计算规范　可信软件基》（GB/T 37935—2019）于 2019 年 8 月发布，并于 2020 年 3 月 1 日实施。标准规定了可信软件基的功能结构、工作流程、保障要求和交互接口规范，适用于可信软件基的设计、生产和测评。

可信软件基（Trusted Software Base, TSB）是为可信计算平台的可信性提供支持的软件元素的集合。其功能结构如图 6-8 所示，主要包括基本信任基、可信基准库、主动监控机制、支撑机制和协作机制等部分。

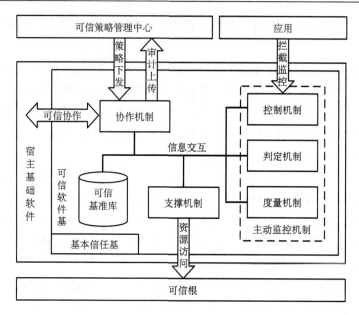

图 6-8　可信软件基的功能结构

1. 基本信任基

基本信任基是 TSB 中最基础的部分，是具备基本度量能力的软件的最小集合。基本信任基不依赖 TSB 的其他部分，也不依赖宿主基础软件，只需利用可信根和硬件平台就能够正常工作。

基本信任基负责：①宿主基础软件的可信启动，宿主基础软件是可信计算平台中实现常规功能部分(如操作系统)软件的总称；②基本信任基先于 TSB 其他机制加载，完成对 TSB 其他机制的度量工作，将信任链传递给 TSB 其他机制。

基本信任基中存储着两类基准值信息，分别是宿主基础软件启动过程中度量对象的基准值和 TSB 其他机制(控制机制、度量机制、判定机制、可信基准库、支撑机制和协作机制)的基准值。

2. 可信基准库

可信基准库是可信基准值的集合。可信基准值是表示对象可信特性的数据，作为判断对象是否可信的参照。

可信基准库提供可信基准值(包括基准对象和基准内容等信息)存储、查询和更新等功能。可信基准库分为驻留基准库和即时基准库两种类型：驻留基准库长期保存基准值，其基准值一般存放在非易失存储器(如硬盘)中；即时基准库提供实时的基准值，方便快速查询，其基准值一般存放在内存中。

3. 主动监控机制

主动监控机制是实现对应用的系统调用行为的拦截，并进行主动度量和主动控制处理的功能机制，包括控制机制、度量机制和判定机制。

1) 控制机制

控制机制是主动监控机制发挥作用的入口，依据控制策略主动拦截应用的系统调用行为，并根据判定结果实施控制。控制策略包含系统控制点的范围、系统控制点获取的信息和控制机制响应判定结果的处理方式等。系统控制点是嵌入宿主基础软件，拦截和控制系统调用行为的执行代码。系统控制点包括文件读/写、进程创建销毁、设备访问、网络访问等操作。控制过程包括拦截系统调用行为，获取行为相关的主体、客体、操作、环境等信息，依据控制策略将信息发送给度量机制进行度量，并接收判定机制的判定结果，进行相关的控制。

2) 度量机制

度量机制依据度量策略对度量对象进行度量。度量策略由度量对象、度量方法、度量过程等组成。度量对象包括程序、数据和行为等。度量方法包括度量对象中度量点的设置、度量的时机、度量的算法等。度量过程包括依据度量策略对控制机制传递的相关的主体、客体、操作、环境等信息进行度量，并将度量结果发送至判定机制。

3) 判定机制

判定机制依据判定策略对度量结果进行判定。判定策略包括度量结果与基准值的比较方式、不同度量结果的权重值、综合计算方法等。判定过程包括依据判定策略利用可信基准库和度量结果进行综合判定，并将判定结果发送至控制机制。

4. 支撑机制

1) 可信根访问和管理

可信根是用于支持可信计算平台信任链建立和传递的可对外提供完整性度量、安全存储、密码计算等服务的功能模块，包括 TPCM、TCM、TPM 等。支撑机制中对可信根的访问和管理，由可信根服务模块实现，可信根服务模块(TSM、TSS 等)依据可信根相关标准实现，包括访问和管理可信根的上下文信息管理、会话管理、并发访问调度管理、权限管理等功能。

2) 应用可信支撑

TSB 支撑机制为应用提供完整性度量、数据加解密、可信认证等调用接口，接口应符合 GB/T 29829—2013 的要求。

3) 可信策略管理

可信策略管理中心是对 TSB 的策略制定、下发、维护、存储等集中管理的平台。支撑机制支持策略的解析、加载功能。可信策略由通过鉴别和授权的可信策略管理中心下发，经协作机制获取，也可直接本地配置。可信策略采用策略语言编写，策略语言是用于描述安全需求的编程语言。可信策略解析引擎实现策略的解析，然后经由可信策略加载引擎加载,由主动监控机制执行。

5. 协作机制

协作机制接收可信策略管理中心传送的可信策略,分发给支撑机制进行解析和加载。协作机制接收 TSB 运行时的审计数据,上传至可信策略管理中心。可信计算平台之间通过可信连接机制进行可信协作,接口应符合可信连接相关标准。

6.4.4　可信平台控制模块

国家标准《信息安全技术　可信计算规范　可信平台控制模块》(GB/T 40650—2021)于 2021 年 10 月发布,并于 2022 年 5 月 1 日实施。标准规定了可信平台控制模块(Trusted Platform Control Module,TPCM)的功能组成、功能接口、安全防护和运行维护要求,适用于 TPCM 的设计、生产、运行维护和测评。

1. 可信计算结点架构

可信计算结点由计算部件和防护部件构成,TPCM 是可信计算结点中实现可信防护功能的关键部件,可以采用多种技术途径实现,如板卡、芯片、IP 核等,其内部包含中央处理器、存储器等硬件,固件,以及操作系统与可信功能组件等软件,支撑其作为一个独立于计算部件的防护部件,并行于计算部件按内置防护策略工作,对计算部件的硬件、固件及软件等需防护的资源进行可信监控,是可信计算结点中的可信根。

图 6-9 给出了在可信计算结点中的位置及其与可信计算结点其他部件关系的示意图。

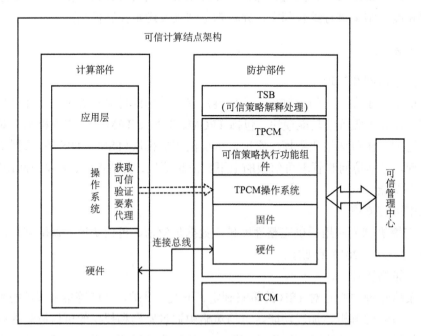

图 6-9　可信计算结点架构

TPCM 需与 TSB、TCM、可信管理中心和可信计算结点的计算部件交互，交互方式如下：

（1）TPCM 的硬件、固件与软件为 TSB 提供运行环境，设置的可信功能组件为 TSB 按策略库解释要求实现度量、控制、支撑与决策等功能提供支持。

（2）TPCM 通过访问 TCM 获取可信密码功能，完成对防护对象可信验证、度量和保密存储等计算任务，并提供 TCM 服务部件以支持对 TCM 的访问。

（3）TPCM 通过管理接口连接可信管理中心，实现防护策略管理、可信报告处理等功能。

（4）TPCM 通过内置的控制器和 I/O 端口，经由总线与计算部件的控制器交互，实现对计算部件的主动监控。

（5）计算部件操作系统中内置的防护代理获取预设的防护对象有关代码和数据提供给 TPCM，TPCM 将监控信息转发给 TSB，由 TSB 依据策略库进行分析处理。

2. TPCM 功能框架

TPCM 的功能逻辑上划分为 3 个层次，即硬件、基础软件和功能组件，如图 6-10 所示。与 TPCM 相关的实体包括计算部件、可信软件基、可信管理中心和可信密码模块，TPCM 通过相应的接口与各个实体进行连接和交互。

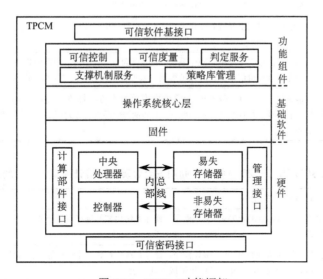

图 6-10 TPCM 功能框架

（1）硬件层包括中央处理器、易失存储器、非易失存储器、计算部件接口、管理接口、可信密码接口，为 TPCM 的功能实现提供基础运行环境。硬件组件之间通过内部总线实现相互连接。

（2）基础软件层包括固件、操作系统核心等，实现对 TPCM 内部的资源调度、任务管理，以及提供 I/O 接口驱动及控制。

(3)功能组件层包括可信控制、可信度量、判定服务、支撑机制服务及策略库管理，以及可信软件基接口。

6.5 等级保护标准中对可信计算的要求

2019 年 12 月 1 日开始实施国家标准《信息安全技术 网络安全等级保护基本要求》（GB/T 22239—2019)和《信息安全技术 网络安全等级保护安全设计技术要求》（GB/T 25070—2019)。其中，GB/T 22239—2019 规定了网络安全等级保护的第一级到第四级信息系统的安全通用要求和安全扩展要求，GB/T 25070—2019 广泛应用于指导各个行业和领域开展网络安全等级保护建设整改等工作，在开展网络安全等级保护工作的过程中起到了非常重要的作用。表 6-2 列出了 GB/T 25070—2019 标准中设计策略对可信计算的要求，表 6-3～表 6-5 分别列出了 GB/T 25070—2019 标准中对各级系统在通用安全计算环境设计、通用安全区域边界设计和通用安全通信网络可信连接中对可信计算的技术要求。由此可以看出，可信计算已成为对重要信息系统安全保障的支撑技术。

表 6-2 GB/T 25070—2019 标准中设计策略对可信计算的要求

等级	设计策略可信要求
一级	计算结点都应基于可信根实现开机到操作系统启动的可信验证
二级	计算结点都应基于可信根实现开机到操作系统启动，再到应用程序启动的可信验证，并将验证结果形成审计记录
三级	计算结点都应基于可信根实现开机到操作系统启动，再到应用程序启动的可信验证，并在应用程序的关键执行环节对其执行环境进行可信验证，主动抵御病毒入侵行为，将验证结果形成审计记录，送到管理中心
四级	所有计算结点都应基于可信计算技术实现开机到操作系统启动，再到应用程序启动的可信验证，并在应用程序的所有执行环节对其执行环境进行可信验证，主动抵御病毒入侵行为，同时验证结果，进行动态关联感知，形成实时的态势

表 6-3 GB/T 25070—2019 标准中通用安全计算环境设计对可信计算的技术要求

等级	通用安全计算环境可信要求
一级	可基于可信根对计算结点的 BIOS、引导程序、操作系统内核等进行可信验证，并在检测到其可信性受到破坏后进行报警
二级	可基于可信根对计算结点的 BIOS、引导程序、操作系统内核、应用程序等进行可信验证，并在检测到其可信性受到破坏后进行报警，并将验证结果形成审计记录
三级	1)可信验证 可基于可信根对计算结点的 BIOS、引导程序、操作系统内核、应用程序等进行可信验证，并在应用程序的关键执行环节对系统调用的主体、客体、操作进行可信验证，并对中断、关键内存区域等执行资源进行可信验证，在检测到其可信性受到破坏时采取措施恢复，将验证结果形成审计记录，送到管理中心 2)配置可信检查 应将系统的安全配置信息形成基准库，实时监控或定期检查配置信息的修改行为，及时修复和基准库中内容不符的配置信息 3)入侵检测和恶意代码防范 应通过主动免疫可信计算检验机制及时识别入侵和病毒行为，并将其有效阻断

续表

等级	通用安全计算环境可信要求
四级	1) 可信验证 可基于可信根对计算结点的 BIOS、引导程序、操作系统内核、应用程序等进行可信验证，并在应用程序的所有执行环节对系统调用的主体、客体、操作进行可信验证，并对中断、关键内存区域等执行资源进行可信验证，在检测到其可信性受到破坏时采取措施恢复，将验证结果形成审计记录，送到管理中心，进行动态关联感知 2) 配置可信检查 应将系统的安全配置信息形成基准库，实时监控或定期检查配置信息的修改行为，及时修复和基准库中内容不符的配置信息，可将感知结果形成基准值 3) 入侵检测和恶意代码防范 应通过主动免疫可信计算检验机制及时识别入侵和病毒行为，并将其有效阻断

表 6-4 GB/T 25070—2019 标准中通用安全区域边界设计对可信计算的技术要求

等级	通用安全区域边界可信要求
一级	可基于可信根对区域边界计算结点的 BIOS、引导程序、操作系统内核等进行可信验证，并在检测到其可信性受到破坏后进行报警
二级	可基于可信根对区域边界计算结点的 BIOS、引导程序、操作系统内核、区域边界安全管控程序等进行可信验证，并在检测到其可信性受到破坏后进行报警，将验证结果形成审计记录
三级	可基于可信根对区域边界计算结点的 BIOS、引导程序、操作系统内核、区域边界安全管控程序等进行可信验证，并在区域边界设备运行过程中定期对程序内存空间、操作系统内核关键内存区域等执行资源进行可信验证，在检测到其可信性受到破坏时采取措施恢复，将验证结果形成审计记录，送到管理中心
四级	可基于可信根对区域边界计算结点的 BIOS、引导程序、操作系统内核、区域边界安全管控程序等进行可信验证，并在区域边界设备运行过程中实时对程序内存空间、操作系统内核关键内存区域等执行资源进行可信验证，在检测到其可信性受到破坏时采取措施恢复，将验证结果形成审计记录，送到管理中心，进行动态关联感知

表 6-5 GB/T 25070—2019 标准中通用安全通信网络可信连接中对可信计算的技术要求

等级	通用安全通信网络可信连接验证要求
一级	通信结点应采用具有网络可信连接保护功能的系统软件或可信根支撑的信息技术产品，在设备连接网络时，对源和目标平台身份进行可信验证
二级	通信结点应采用具有网络可信连接保护功能的系统软件或可信根支撑的信息技术产品，在设备连接网络时，对源和目标平台身份、执行程序进行可信验证，并将验证结果形成审计记录
三级	通信结点应采用具有网络可信连接保护功能的系统软件或可信根支撑的信息技术产品，在设备连接网络时，对源和目标平台身份、执行程序及其关键执行环节的执行资源进行可信验证，并将验证结果形成审计记录，送到管理中心
四级	通信结点应采用具有网络可信连接保护功能的系统软件或具有相应功能的信息技术产品，在设备连接网络时，对源和目标平台身份、执行程序及其所有执行环节的执行资源进行可信验证，并将验证结果形成审计记录，送到管理中心，进行动态关联感知

6.6 本章小结

(1) TCG 用实体行为的预期性来定义可信：一个实体如果它的行为总是以预期的方式，达到预期的目标，则这个实体就是可信的。

(2) 主动免疫可信计算就是计算运算的同时进行安全防护，以密码为基因实施身份识别、状态度量、保密存储等功能，及时识别"自己"和"非己"成分，从而破坏与排斥进入机体的有害物质，相当于为网络信息系统培育了免疫能力。

(3) 可信根由三部分构成，分别是可信度量根、可信存储根和可信报告根。

(4) 信任链是在计算机系统启动和运行过程中使用完整性度量方法在部件之间所建立的信任传递关系。

(5) 完整性度量分为静态度量和动态度量两种方法。静态度量是在系统启动过程中以及启动后确保系统资源静态完整性的可信度量方法。动态度量是在系统运行过程中对系统完整性和行为安全性进行测量和评估的可信度量方法。

(6) 国家标准《信息安全技术 可信计算规范 可信平台主板功能接口》(GB/T 29827—2013)规定了可信平台主板的组成结构、信任链建立流程和功能接口，适用于基于 TPCM 的可信平台主板的设计、生产和使用。

(7) 国家标准《信息安全技术 可信计算规范 可信连接架构》(GB/T 29828—2013)规定了可信连接架构的层次、实体、组件、接口、实现流程等内容，解决终端连接到网络的双向用户身份鉴别和平台鉴别问题，实现终端连接到网络的可信网络连接，适用于具有 TPCM 的终端与网络的可信网络连接。

(8) 国家标准《信息安全技术 可信计算规范 可信软件基》(GB/T 37935—2019)规定了可信软件基的功能结构、工作流程、保障要求和交互接口规范，适用于可信软件基的设计、生产和测评。

(9) 国家标准《信息安全技术 可信计算规范 可信平台控制模块》(GB/T 40650—2021)规定了 TPCM 的功能组成、功能接口、安全防护和运行维护要求，适用于 TPCM 的设计、生产、运行维护和测评。

习　　题

1. 简述 TCG 定义的可信计算的概念。

2. 简述主动免疫可信计算的概念。

3. 简述可信根、信任链的概念。

4. 简述静态度量、动态度量的概念。

5. 简述 TCG 的信任链技术。

6. 简述基于 TPCM 的信任链技术。

7. 简述可信平台主板组成结构。

8. 可信连接架构中包含哪三个实体和哪三个层次？

9. 简述可信软件基的功能结构。

第7章 网络安全等级保护

7.1 可信计算机系统评估准则

7.1.1 概述

随着计算机在政府机关、金融行业、经济和军事等部门中的广泛应用，大量机密信息进入计算机系统中，迫使人们越来越重视计算机系统的安全性问题。究竟什么样的计算机系统是安全的？如何评价计算机系统的安全性？这些已成为各国政府和广大计算机用户关注的一个重要问题。美国是最早开始这一方面研究的国家之一，早在 1970 年，美国国防部在美国国家安全局建立了一个国家计算机安全中心(National Computer Security Center，NCSC)，开展了计算机安全评估的研究工作，1985 年美国国防部正式公布了《可信计算机系统评估准则》(TCSEC)，编号为 DoD 5200.28-STD。该准则为评测计算机安全产品提供了测试准则和方法，之后又颁布了一系列的解释性文件，统称为"彩虹系列"。TCSEC 是计算机系统安全评估的第一个正式标准，具有划时代的意义。

TCSEC 的发布包括三个目的：①为制造商提供一个标准，使他们在开发新的商业产品时增加安全特征，以便为用户提供针对敏感应用满足可信要求的广泛可用的系统；②为国防部各部门提供一个度量标准，用来评估放置在计算机系统中的安全处理机密和其他敏感信息的可信度；③在获得规范时，为制定安全要求提供基础。

TCSEC 为可信计算机系统提出了六条基本的安全要求。

安全要求 1：安全策略。

必须有一个清楚的、定义明确的安全策略，并由系统强制实施。给定标记的主体和客体，必须有一套规则集，使系统能用来决定是否一个给定的主体能够获得对一个特定客体的访问权。计算机系统必须实施一个强制安全策略，能够有效实现处理敏感信息的访问规则。这些规则包括如下要求：禁止未经安全检查的人员获得对机密信息的访问权；另外，必须有自主安全控制用来确保只有指定的用户或用户组可以获得对数据的访问权（如基于"需要知道"）。

安全要求 2：标记。

访问控制标记必须和客体相关联，为了控制对存储在计算机中的信息的访问，根据强制安全策略规则，每一个客体必须用一个标记来标识客体的敏感级别并记录哪些主体可以对其进行何种访问的方式。

安全要求 3：认证。

每个主体必须被认证后才能对客体进行访问。每次对信息的访问必须基于谁在访问信息以及被授权访问哪个级别的信息。认证和授权信息必须由计算机系统安全地维护，并且与系统中完成安全相关动作的活动元素相结合。

安全要求 4：问责制。

审计信息必须有选择性地保存并加以保护，以便影响安全的动作能够被追踪到责任方。一个可信系统必须能够在一个审计日志中记录出现的安全相关事件。为了降低审计费用并提高分析效率，可信系统必须具有选择审计事件的能力。审计信息必须加以保护以防止被修改和未经授权地毁坏，以允许对违背安全事件的侦查和事后调查。

安全要求 5：保障。

为了确保上述提到的四个要求，系统中必须提供相应硬件和软件的保障机制，并能评价这些机制的有效性。这些机制可以嵌入操作系统中，并用一种安全的方式执行分配的任务。这些机制应该在文档中写清楚并能独立检查其效果。

安全要求 6：连续保护。

实现上述基本要求的可信机制必须受到连续保护，以对抗未经授权的篡改。如果计算机系统中实现上述安全策略的硬件和软件机制易遭到破坏，那么这个系统就不能算是真正安全的。连续保护要求能在计算机系统的整个生命周期均起作用。

以上六条基本安全要求中，第 1、2 条属于策略类，第 3、4 条属于可审计类，第 5、6 条属于保障类。根据这六条基本安全要求，美国国防部把计算机系统分为四类八个安全等级。从低到高的安全等级分别为 D、C1、C2、B1、B2、B3、A1 和超 A1。

表 7-1 给出了 TCSEC 中的等级划分。

表 7-1　TCSEC 中的等级划分

类别	描述	等级	等级名称
A	验证保护 (Verified Protection)	超 A1	超 A1 (Beyond Class A1)
		A1	验证设计 (Verified Design)
B	强制保护 (Mandatory Protection)	B3	安全区域 (Security Domains)
		B2	结构化保护 (Structured Protection)
		B1	安全标记保护 (Labeled Security Protection)
C	自主保护 (Discretionary Protection)	C2	受控访问保护 (Controlled Access Protection)
		C1	自主安全保护 (Discretionary Security Protection)
D	最小保护 (Minimal Protection)	D	最低保护

7.1.2　各等级主要特征

1. D 类：最小保护

D 类只包含一个安全等级，即 D 级，这是计算机系统安全等级中的最低一级。在评估中，所有不满足更高安全等级要求的系统都属于 D 级。例如，早期的 DOS 操作系统就属于这一级。

2. C 类：自主保护

C 类属于自主保护类，提供了自主保护功能，通过身份认证、自主访问控制和审计等安全措施来保护系统，一般只适用于具有一定安全等级要求的多用户环境。C 类分 C1和 C2 两个等级。

1) C1 级

C1 级是自主安全保护级，适用于多个同敏感级的协作用户进行数据处理的工作环境。其主要特征：通过提供用户和数据的隔离，满足自主安全要求。使用一些可信控制功能来加强访问限制，允许用户保护私有信息以免其他用户读取或破坏数据。

C1 级系统满足的最小安全要求包括：自主访问控制的安全策略，可信计算基(TCB)应在命名用户与命名客体(如文件和程序)之间定义和控制访问；应能允许用户通过命名主体与(或)定义组的方式指定和控制对客体的共享；允许用户可以自主地确定自己的资源何时使用或不使用，以及允许哪些主体或组进行访问；通过拥有者的自主定义和控制，防止数据被不信任用户有意或无意地读出、篡改或破坏；在进行任何活动之前，通过 TCB确认用户身份(如采用口令机制)，并确保数据不被未经授权地访问和修改。这类系统在硬件上必须提供某种程度的保护机制，使之不易受到损害；进行严格地测试，以检测该系统是否实现了设计文档上说明的安全要求。另外，还要进行攻击性测试，以保证不存在明显的漏洞，让未授权用户攻破或绕过系统的安全机制进入系统。C1 级系统要求完善的文档资料。

2) C2 级

C2 级又称受控访问保护级。与 C1 级相比，C2 级实现粒度更细的自主访问控制，保护粒度达到单个用户和单个客体一级。通过注册过程控制、审计与安全相关的事件以及资源隔离，实现对用户操作的可追踪性。

C2 级系统的安全要求包括：在安全策略方面，C2 级的自主访问控制粒度细化到单个用户而不是用户组，在注册时就要求按单个用户进行认证、审计和授权服务，可指定哪些用户可以访问哪些客体，未授权用户不能访问相应客体；C2 级还提供了客体重用功能，即对于一个未使用的存储客体，TCB 应该能够保证该客体不包含未授权主体的数据。在审计方面，C2 级新增了审计功能，审计粒度应能跟踪每一个主体对每一个客体的每一次访问。TCB 还能记录下列类型的事件：确认和识别安全机制的使用、将客体引入用户地址空间、客体被删除等事件，还能记录操作人员、系统管理人员和安全管理人员进行的各种与安全相关的活动。

C2 级的审计功能还应提供唯一识别系统中各个用户身份的能力；提供将这种用户身份与其被审计动作相联系的能力；可审计所有主体进行的各种活动；能对 TCB 进行建立和维护，对客体访问的审计进行跟踪，并保护审计信息，防止其被修改、毁坏或未经授权的访问。

对于每个审计事件，审计记录应包括用户名、事件发生时间、事件类型、事件的成功或失败等。对于确认事件，审计记录还应包括请求源(如终端 ID)；对于访问客体的事件，审计记录中应包括客体名。C2 级系统允许系统管理人员有选择地审计任一用户或多个用户的活动。

C2 级是最低军用安全等级，目前主要的商业操作系统都能达到这一等级，如 UNIX 系统、Windows Server 系统。

3. B 类：强制保护

B 类属于强制保护类，这一类别比 C 类的安全功能有很大的增强，要求对客体实施强制访问控制，要求客体带有敏感标记，可信计算机利用敏感标记实施强制访问控制。这一类别可分为 B1、B2 和 B3 三个等级。

1) B1 级

B1 级又称安全标记保护级。在 C2 级的基础上，增加了标记、强制访问控制、审计、可审计性和保障等功能。具体要求如下。

(1) 标记。标记在 B1 级起到十分重要的作用，是强制访问控制实施的依据。B1 级要求每个主体和客体指定敏感标记，并由 TCB 维护。

(2) 强制访问控制。TCB 应对它控制下的所有主体和客体施加一种强制访问控制策略。给主体和客体指定敏感标记，这些标记是等级保护和非等级保护的结合，并作为强制访问控制判断的依据。TCB 应支持两个以上的安全等级。在由 TCB 控制的主体和客体之间的访问必须满足以下要求：只有主体的敏感等级分类大于或等于客体的敏感等级分类，并且该主体的信息访问类别包含客体的信息访问类别时，才允许该主体对客体进行读操作；只有主体的敏感等级分类不大于客体的敏感等级分类，并且该主体的信息访问类别包含客体的信息访问类别时，才允许该主体对客体进行写操作。请注意，信息访问类别中的信息具有非等级性。

强制访问控制的策略模型是 BLP 模型。B1 系统对所有访问都要实现这种模型，同时也支持有限的自主访问控制功能。

(3) 可审计性。TCB 应该对所有涉及敏感活动的用户进行身份识别，应该管理用户账户、口令、鉴别和权限信息，以防止未经授权的用户进行访问。B1 级的审计功能比 C2 级更加强大，增加了对任何滥用职权人员可读出标记和对安全级记录的事件进行审计，也可以有选择地对用户的安全性活动进行审计的功能。

(4) 对实现的要求。B1 级要求有一种非形式化的或形式化的模型来描述系统实现的安全策略。在实现过程中，必须彻底分析 B1 级系统的设计文档和源代码，测试目标代码，尽可能地发现并消除系统存在的安全缺陷。

2) B2 级

B2 级又称结构化保护级，着重强调实际操作中的评测手段，要求计算机系统加入一种允许用户评价该系统满足哪一级的方法。为此，系统的内部结构应是可证明的，在控制机理内部，应能识别出不同功能模块各自所能保护的部分。B2 级同 B1 级相比，增加了如下功能。

(1) 在安全策略方面，加强了强制访问控制功能。将强制访问控制对象从主体和客体扩展到 I/O 设备等所有资源，并要求各种系统资源必须与安全标记相联系。

(2)在可审计性方面，加强了系统的连续保护和防渗透能力，主要包括：保证了系统和用户之间开始注册和确认时的路径是可信的，提高了系统连续保护和防渗透的能力；要求加强审计功能，能审计使用隐蔽存储信道的标记事件。隐蔽信道(Covert Channel)是指用违反系统安全策略的方法传输信息的通道。例如，一个进程直接或间接地对一个存储单元写，而另一个进程直接或间接地对该存储单元读，这就形成一个隐蔽信道。

(3)最小权限原则，系统应能支持操作人员和系统管理人员的权限分离，对每个主体只授予满足完成任务所需的最小权限。还应划分与保护有关和无关部分，并把它的执行维持在一个固定的区域，防止被外界破坏或篡改。

3)B3 级

B3 级又称安全区域保护级。除 B2 级的要求外，B3 级还要求 TCB 能监督所有主体对客体的访问，使每次访问都受到检查；TCB 是防篡改的；TCB 应当足够小，从而可以进行分析和测试。用户程序或操作被限定在某个安全区域内，安全区域间的访问受到严格控制。B3 级系统通常采用硬件设施来加强安全区域的控制，如内存管理硬件用于保护安全区域免受无权主体的访问或防止其他域主体的修改。B3 级系统还应具有恢复能力。B3 级系统增加的功能如下。

(1)在安全策略方面，B3 级采用访问控制表进行控制，允许用户指定和控制对客体的共享，也可以指定命名用户对命名客体的访问方式。

(2)在可审计性方面，B3 级能监视安全审计事件的发生和积累，当事件数超过一定阈值时，能立即报告安全管理人员进行处理。

(3)在保障措施方面，B3 级只能完成与安全有关的管理功能，对其他非安全功能的操作要严加限制。在系统出现故障和灾难性事件后，B3 级要提供过程和机制，以保证在不损害保护的条件下，使系统得到恢复。

4. A 类：验证保护

A 类属于验证保护类，A 类系统不仅具有形式化的安全模型，而且要求用形式化方法验证系统的安全性，以保证系统的访问控制机制能有效地保护分层安全等级和敏感信息。证明 TCB 在设计、实现和构造等方面都符合安全策略的要求，要采用形式化的方法进行验证。

这一类别可分为 A1 和超 A1 两个等级。

1)A1 级

A1 级又称验证设计级。在功能上 A1 级与 B3 级系统相同，没有增加任何体系结构和安全策略方面的要求。但本级的主要特点是，要求用形式化设计规范和验证方法来对系统进行分析，确保 TCB 完全按设计要求实现。

A1 级验证设计要求遵循以下五条原则。

(1)必须对安全策略的形式化模型进行验证,包括采用数学方法证明模型与其公理的一致性、模型对安全策略支持的有效性。

(2)应提供形式化的高层设计说明,包括 TCB 功能的抽象定义,用于隔离执行域的硬件、固件机制的抽象定义。

(3)应通过形式化的技术(如果可能)和非形式化的技术证明 TCB 的形式化高层设计说明与模型是一致的。

(4)通过非形式化的方法证明 TCB 的实现(硬件、固件、软件)与形式化的高层设计说明是一致的。应证明高层设计说明中的元素与 TCB 中的元素是一致的,高层设计说明应表达与安全策略一致的保护机制,这些保护机制的元素应映射到 TCB 的要素上。

(5)应使用形式化的方法标识并分析隐蔽信道,非形式化的方法可以用来识别时间隐蔽信道,必须对系统中存在的隐蔽信道进行解释。

A1 级系统的要求极高,达到这种要求的系统极少,已获得承认的这类系统有 Honeywell 公司的 SCOMP 系统。A1 级是信息系统的最高安全标准,一般的信息系统都很难达到这样的安全标准。

2)超 A1 级

由于超 A1 级超出了目前的技术发展,所以很难提出一些具体的要求。但美国国防部为了给今后的研究提供一些指导,提出了一些设想。随着更多、更好的分析技术的出现,超 A1 级系统的要求将会变得更加明确。超 A1 级系统涉及的范围包括系统体系结构、安全测试、形式化设计说明与验证、可信设计环境等。

7.2　我国等级保护发展过程

1994 年 2 月国务院发布的《中华人民共和国计算机信息系统安全保护条例》(国务院第 147 号令)明确规定我国"计算机信息系统实行安全等级保护",依据国务院第 147 号令要求于 1999 年发布的强制性国家标准《计算机信息系统　安全保护等级划分准则》(GB 17859—1999)为计算机信息系统安全保护等级的划分奠定了技术基础。

2003 年 7 月中共中央办公厅发布的《国家信息化领导小组关于加强信息安全保障工作的意见》(中办发[2003]27 号)明确指出实行信息安全等级保护"要重点保护基础信息网络和关系国家安全、经济命脉、社会稳定等方面的重要信息系统,抓紧建立信息安全等级保护制度"。

2008 年 11 月 1 日实施的国家标准《信息安全技术　信息系统安全等级保护定级指南》(GB/T 22240—2008)规定了信息系统安全等级保护的定级方法,用于为信息系统安全等级保护的定级工作提供指导。

2008 年 11 月 1 日实施的国家标准《信息安全技术　信息系统安全等级保护基本要求》(GB/T 22239—2008)规定了不同安全保护等级信息系统的基本保护要求,包括基本技术要求和基本管理要求,适用于指导分等级的信息系统的安全建设和监督管理。

2011 年 2 月 1 日实施的国家标准《信息安全技术　信息系统等级保护安全设计技术要求》(GB/T 25070—2010)规定了信息系统等级保护安全设计技术要求,用于指导信息系统运营使用单位、信息安全企业、信息安全服务机构开展信息系统等级保护安全技术方案的设计和实施，也可作为信息安全职能部门进行监督、检查和指导的依据。

2016 年 11 月 7 日，中华人民共和国第十二届全国人民代表大会常务委员会第二十四次会议通过《中华人民共和国网络安全法》，明确指出"国家实行网络安全等级保护制度"。

2019 年 12 月 1 日实施的国家标准《信息安全技术　网络安全等级保护基本要求》（GB/T 22239—2019）代替了 GB/T 22239—2008，新标准（简称等保 2.0）规定了网络安全等级保护的第一级到第四级保护对象（也称定级系统）的安全通用要求和安全扩展要求，用于指导分等级的非涉密对象的安全建设和监督管理。同时实施的国家标准《信息安全技术　网络安全等级保护安全设计技术要求》（GB/T 25070—2019）代替了 GB/T 25070—2010，规定了网络安全等级保护第一级到第四级保护对象的安全设计技术要求，用于指导运营使用单位、网络安全企业、网络安全服务机构开展网络安全等级保护安全技术方案的设计和实施，也可作为网络安全职能部门进行监督、检查和指导的依据。

由此可见，经过二十多年的发展，我国已形成了针对重要信息系统的分等级保护的政策、法律和标准，它们是实现信息系统安全框架设计的基础和依据。

7.3　计算机信息系统安全保护等级划分准则

2001 年 1 月 1 日实施的强制性国家标准《计算机信息系统　安全保护等级划分准则》（GB 17859—1999）是我国开展信息系统安全等级保护制度建设的核心，也是进行信息安全评估和管理的基础。标准制定中参考了美国的 TCSEC 和可信计算机网络系统说明。制定本标准的主要目的包括：①为计算机信息系统安全法规的制定和执法部门的监督检查提供依据；②为安全产品的研制提供技术支持；③为安全系统的建设和管理提供技术指导。

7.3.1　概述

GB 17859—1999 标准规定了计算机信息系统安全保护能力的五个等级：第一级，用户自主保护级；第二级，系统审计保护级；第三级，安全标记保护级；第四级，结构化保护级；第五级，访问验证保护级。标准用于计算机信息系统安全保护技术能力等级的划分。计算机信息系统安全保护能力随着安全保护等级的增高，逐渐增强。

为了方便对每一级功能的描述，下面给出了该标准中用到的主要术语。

(1)计算机信息系统：由计算机及其相关的和配套的设备、设施（含网络）构成，按照一定的应用目标和规则对信息进行采集、加工、存储、传输、检索等处理的人机系统。

(2)计算机信息系统可信计算基：计算机系统内保护装置的总体，包括硬件、固件、软件和负责执行安全策略的组合体。它建立了一个基本的保护环境并提供一个可信计算系统所要求的附加用户服务。

(3)客体：信息的载体。

(4)主体：引起信息在客体之间流动的人、进程或设备等。

(5)敏感标记：表示客体安全等级并描述客体数据敏感性的一组信息，TCB 中把敏感标记作为强制访问控制决策的依据。

(6)安全策略：有关管理、保护和发布敏感信息的法律、规定和实施细则。

(7)信道：系统内的信息传输的路径。

(8)隐蔽信道：允许进程以危害系统安全策略的方式传输信息的通信信道。

(9)访问监控器：监控主体和客体之间授权访问关系的部件。

7.3.2　等级划分准则

1. 第一级：用户自主保护级

本级的 TCB 通过隔离用户与数据，使用户具备自主安全保护的能力。TCB 具有多种形式的控制能力，对用户实施访问控制，即为用户提供可行的手段，保护用户和用户组信息，避免其他用户对数据的非法读/写与破坏。

第一级包含的主要功能如下。

自主访问控制：TCB 定义和控制系统中命名用户对命名客体的访问。实施机制(如访问控制表)允许命名用户以用户和(或)用户组的身份规定并控制客体的共享；阻止未授权用户读取敏感信息。

身份鉴别：TCB 初始执行时，首先要求用户标识自己的身份，并使用保护机制(如口令)来鉴别用户的身份；阻止未授权用户访问用户身份鉴别数据。

数据完整性：TCB 通过自主完整性策略，阻止未授权用户修改或破坏敏感信息。

2. 第二级：系统审计保护级

与用户自主保护级相比，本级的 TCB 实施了粒度更细的自主访问控制，通过登录规程、审计安全性相关事件和隔离资源，使用户对自己的行为负责。

在第一级的基础上，本级新增的主要功能如下。

自主访问控制：在第一级的基础上，要求控制访问权限扩散。自主访问控制机制根据用户指定方式或默认方式，阻止未授权用户访问客体。访问控制的粒度是单个用户。没有访问权限的用户只允许由授权用户指定对客体的访问权限。

身份鉴别：在第一级的基础上，通过为用户提供唯一标识，TCB 能够使用户对自己的行为负责。TCB 还具备将身份标识与该用户所有可审计行为相关联的能力。

客体重用：在 TCB 的空闲存储客体空间中，对客体初始指定、分配或再分配一个主体之前，撤销该客体所含信息的所有授权。当主体获得对一个已被释放的客体的访问权限时，当前主体不能获得原主体活动所产生的任何信息。

审计：TCB 能创建和维护受保护客体的访问审计跟踪记录，并能阻止非授权的用户对它访问或破坏。TCB 能记录下述事件：使用身份鉴别机制；将客体引入用户地址空间(如打开文件、程序初始化)；删除客体；由操作员、系统管理员或(和)系统安全管理员实施的动作，以及其他与系统安全有关的事件。对于每一事件，其审计记录包括事件的日期和时间、用户、事件类型、事件是否成功。对于身份鉴别事件，审计记录包含请求的来源（如终端标识符）；对于客体引入用户地址空间的事件及客体删除事件，审计记录包含客体名。对于不能由 TCB 独立分辨的审计事件，审计机制提供审计记录接口，可由授权主体调用。这些审计记录区别于 TCB 独立分辨的审计记录。

3. 第三级：安全标记保护级

本级的 TCB 具有系统审计保护级的所有功能。此外，其还需提供有关安全策略模型、数据标记以及主体对客体强制访问控制的非形式化描述；具有准确地标记输出信息的能力；消除通过测试发现的任何错误。

在第二级的基础上，本级新增的主要功能如下。

强制访问控制：TCB 对所有主体及其所控制的客体（如进程、文件、段、设备）实施强制访问控制，为这些主体及客体指定敏感标记，这些标记是等级分类和非等级类别的组合，它们是实施强制访问控制的依据。TCB 支持两种或两种以上成分组成的安全级。TCB 控制的所有主体对客体的访问应满足：仅当主体安全级中的等级分类高于或等于客体安全级中的等级分类，且主体安全级中的非等级类别包含了客体安全级中的全部非等级类别，主体才能读客体；仅当主体安全级中的等级分类低于或等于客体安全级中的等级分类，且主体安全级中的非等级类别包含于客体安全级中的非等级类别，主体才能写一个客体。TCB 使用身份和鉴别数据，鉴别用户的身份，并保证用户创建的 TCB 外部主体的安全级和授权受该用户的安全级和授权的控制。

标记：TCB 应维护与主体及其控制的存储客体（如进程、文件、段、设备）相关的敏感标记。这些标记是实施强制访问控制的基础。为了输入未加安全标记的数据，TCB 向授权用户要求并接受这些数据的安全等级，且可由 TCB 审计。

身份鉴别：在第二级的基础上，增加了 TCB 维护用户身份识别数据并确定用户访问权及授权数据。TCB 使用这些数据鉴别用户身份。

审计：在第二级的基础上，增加了对客体安全等级的审计记录。此外，TCB 具有审计更改可读输出记号的能力。

数据完整性：在第二级的基础上，增加了在网络环境中，使用完整性敏感标记来确定信息在传送中未受损。

4. 第四级：结构化保护级

本级的 TCB 建立于一个明确定义的形式化安全策略模型之上，它要求将第三级系统中的自主和强制访问控制扩展到所有主体与客体。此外，还要考虑隐蔽信道。TCB 必须结构化为关键保护元素和非关键保护元素。TCB 的接口也必须明确定义，使其设计与实现能经受更充分的测试和更完整的复审。本级加强了鉴别机制；支持系统管理员和操作员的职能；提供可信设施管理；增强了配置管理控制。系统具有相当的抗渗透能力。

本级新增的主要功能如下。

强制访问控制：在第三级的基础上，TCB 对外部主体能够直接或间接访问的所有资源(如主体、存储客体和输入输出资源)实施强制访问控制。强制访问控制涉及的范围包括 TCB 外部的所有主体对客体的直接或间接访问。

标记：在第三级的基础上，TCB 维护与可被外部主体直接或间接访问到的计算机信息系统资源(如主体、存储客体、只读存储器)相关的敏感标记。

审计：在第三级的基础上，TCB 能够审计利用隐蔽存储信道时可能被使用的事件。

隐蔽信道分析：系统开发者应彻底搜索隐蔽存储信道，并根据实际测量或工程估算确定每一个被标识信道的最大带宽。

可信路径：对用户的初始登录和鉴别，TCB 在它与用户之间提供可信路径。该路径上的通信只能由该用户初始化。

5. 第五级：访问验证保护级

本级的 TCB 满足访问监控器需求。访问监控器仲裁主体对客体的全部访问。访问监控器本身是抗篡改的；必须足够小，能够进行分析和测试。为了满足访问监控器需求，构造 TCB 时，排除对实施安全策略来说并非必要的代码；在设计和实现时，从系统工程角度将其复杂性降低到最低程度。本级支持安全管理员职能；扩充审计机制，当发生与安全相关的事件时发出信号；提供系统恢复机制。系统具有很高的抗渗透能力。

本级新增的主要功能如下。

自主访问控制：在第二级的基础上，自主访问控制能够为每个命名客体指定命名用户和用户组，并规定他们对客体的访问模式。

审计：在第四级的基础上，TCB 包含能够监控可审计安全事件发生与积累的机制，当事件数超过阈值时，能够立即向安全管理员发出警报。并且，如果这些与安全相关的事件继续发生或积累，系统应以最小的代价中止它们。

可信路径：当连接用户时(如注册、更改主体安全级)，TCB 提供它与用户之间的可信路径。可信路径上的通信只能由该用户或 TCB 激活，在逻辑上与其他路径上的通信相隔离，且能正确地加以区分。

可信恢复：TCB 提供过程和机制，保证计算机信息系统失效或中断后，可以进行不损害任何安全保护性能的恢复。

表 7-2 给出了 GB 17859—1999 中等级和功能之间的对应关系。

表 7-2　GB 17859—1999 中等级和功能之间的对应关系

等级	功能									
	自主访问控制	强制访问控制	标记	身份鉴别	客体重用	审计	数据完整性	隐蔽信道分析	可信路径	可信恢复
第五级	+	=	=	=	=	+	=	=	+	+
第四级	=	+	+	=	=	+	=	+	+	

续表

等级	功能									
	自主访问控制	强制访问控制	标记	身份鉴别	客体重用	审计	数据完整性	隐蔽信道分析	可信路径	可信恢复
第三级	=	+	+	+	=	+	+			
第二级	+			+	+	+	=			
第一级	+						+			

注：+表示新增功能或本级比下一级功能有扩展，=表示本级与下一级功能相同。

7.4　等级保护定级方法

2020 年 11 月 1 日实施的国家标准《信息安全技术　网络安全等级保护定级指南》(GB/T 22240—2020)代替了 GB/T 22240—2008，适应了云计算、移动互联、物联网、工业控制系统等新技术、新应用情况下网络安全等级保护工作的开展，规定了网络安全等级保护的定级方法，为网络安全等级保护的定级工作提供指导。

7.4.1　定级原理

网络安全等级保护工作直接作用的对象称作等级保护对象，主要包括信息系统、通信网络设施和数据资源等。典型的信息系统如办公自动化系统、云计算平台/系统、物联网、工业控制系统以及采用移动互联技术的系统等；通信网络设施主要包括电信网、广播电视传输网和行业或单位的专用通信网等；数据资源多以电子形式存在，具有或预期具有价值的数据集合。

根据等级保护对象在国家安全、经济建设、社会生活中的重要程度，以及一旦遭到破坏、丧失功能或者数据被篡改、泄露、丢失、损毁后，对国家安全、社会秩序、公共利益以及公民、法人和其他组织的合法权益的侵害程度等因素，等级保护对象的安全保护等级分为以下五级。

第一级，等级保护对象受到破坏后，会对相关公民、法人和其他组织的合法权益造成损害，但不危害国家安全、社会秩序和公共利益。

第二级，等级保护对象受到破坏后，会对相关公民、法人和其他组织的合法权益造成严重损害，或者对社会秩序和公共利益造成危害，但不危害国家安全。

第三级，等级保护对象受到破坏后，会对社会秩序和公共利益造成严重危害，或者对国家安全造成危害。

第四级，等级保护对象受到破坏后，会对社会秩序和公共利益造成特别严重危害，或者对国家安全造成严重危害。

第五级，等级保护对象受到破坏后，会对国家安全造成特别严重危害。

1. 定级要素

等级保护对象由以下两个定级要素决定：①受侵害的客体；②对客体的侵害程度。

等级保护对象受到破坏时所侵害的客体分为三类，分别是：①公民、法人和其他组织的合法权益；②社会秩序、公共利益；③国家安全。

对客体的侵害程度由客观方面的不同外在表现综合决定，对客体的侵害外在表现为对等级保护对象的破坏，通过危害方式、危害后果和危害程度加以描述。等级保护对象受到破坏后对客体造成侵害的程度分为三类，分别是：①一般损害；②严重损害；③特别严重损害。

2. 定级要素与安全保护等级的关系

定级要素与安全保护等级的关系如表 7-3。

表 7-3　定级要素与安全保护等级的关系

受侵害的客体	对客体的侵害程度		
	一般损害	严重损害	特别严重损害
公民、法人和其他组织的合法权益	第一级	第二级	第二级
社会秩序、公共利益	第二级	第三级	第四级
国家安全	第三级	第四级	第五级

7.4.2　定级方法

1. 确定等级的一般流程

定级对象的安全主要包括业务信息安全和系统服务安全，与之相关的受侵害客体和对客体的侵害程度可能不同，因此，安全保护等级由业务信息安全和系统服务安全两方面确定。

从业务信息安全角度反映的定级对象安全保护等级称为业务信息安全保护等级；从系统服务安全角度反映的定级对象安全保护等级称为系统服务安全保护等级。

确定等级的一般流程见图 7-1。

2. 确定定级对象

一个单位内运行的信息系统可能比较庞大，为了体现分类分区域分等级保护的思想，实行重要部分重点保护，有效控制信息安全建设成本，优化信息安全资源配置，可将较大的信息系统划分为若干个较小的、可能具有不同安全保护等级的定级对象。

作为定级对象的信息系统应具有如下基本特征。

(1)信息系统具有唯一确定的安全责任单位。作为定级对象的信息系统应能够唯一地确定其安全责任单位。如果一个单位的某个下级单位负责信息系统安全建设、运行维护等过程的全部安全责任，则这个下级单位可以成为信息系统的安全责任单位。

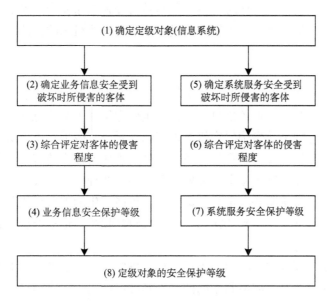

图 7-1　定级流程

(2)信息系统具有信息系统的基本要素。作为定级对象的信息系统应该是由相关的和配套的设备、设施按照一定的应用目标与规则组合而成的有形实体。避免将某个单一的系统组件，如服务器、终端、网络设备等作为定级对象。

(3)信息系统承载单一或相对独立的业务应用。单一的业务应用是指该业务应用的业务流程独立，与其他业务应用没有数据交换，独享所有信息处理设备。相对独立的业务应用是指其业务应用的主要业务流程独立，同时与其他业务应用有少量的数据交换，定级对象可能会与其他业务应用共享一些设备，尤其是网络传输设备。

3. 确定受侵害的客体

定级对象受到破坏时所侵害的客体包括国家安全、社会秩序、公众利益以及公民、法人和其他组织的合法权益。

侵害国家安全的事项主要包括影响国家政权稳固和领土主权、海洋权益完整，影响国家统一、民族团结和社会稳定，影响国家社会主义市场经济秩序和文化实力，其他影响国家安全的事项。

侵害社会秩序的事项主要包括影响国家机关、企事业单位、社会团体的生产秩序、经营秩序、教学科研秩序、医疗卫生秩序，影响公共场所的活动秩序、公共交通秩序，影响人民群众的生活秩序，其他影响社会秩序的事项。

侵害公共利益的事项主要包括影响社会成员使用公共设施，影响社会成员获取公开数据资源，影响社会成员接受公共服务等方面，其他影响公共利益的事项。

侵害公民、法人和其他组织的合法权益是指受法律保护的公民、法人和其他组织所享有的社会权利和利益等受到损害。

请注意，确定受侵害的客体时，首先判断是否侵害国家安全，然后判断是否侵害社会秩序或公共利益，最后判断是否侵害公民、法人和其他组织的合法权益。

4. 确定对客体的侵害程度

对客体的侵害表现为对定级对象的破坏，主要表现为对业务信息安全的破坏和对系统服务安全的破坏。其中，业务信息安全是指确保定级对象中信息的保密性、完整性和可用性等；系统服务安全是指确保定级对象可以及时、有效地提供服务，以完成预定的业务目标。由于业务信息安全和系统服务安全受到破坏所侵害的客体和对客体的侵害程度可能会有所不同，在定级过程中，需要分别处理这两种侵害方式。

业务信息安全和系统服务安全受到破坏后，可能产生的侵害后果包括影响行使工作职能、导致业务能力下降、引起法律纠纷、导致财产损失、造成社会不良影响、对其他组织和个人造成损失等。

根据不同的受侵害客体、不同侵害后果分别确定其侵害程度。针对不同的受侵害客体进行侵害程度的判断时，应参照不同的判别基准：如果受侵害客体是公民、法人或其他组织的合法权益，则以本人或本单位的总体利益作为判断侵害程度的基准；如果受侵害客体是社会秩序、公共利益或国家安全，则应以整个行业或国家的总体利益作为判断侵害程度的基准。不同侵害后果的三种侵害程度的比较如表 7-4 所示。

表 7-4　三种侵害程度的不同侵害后果比较

侵害程度	侵害后果					
	工作职能	业务能力	法律纠纷	财产损失	社会不良影响	对其他组织和个人造成损害
一般损害	局部影响	有所降低但不影响主要功能的执行	较轻	较低	有限范围	较低
严重损害	严重影响	显著下降且严重影响主要功能的执行	较严重	较高	较大范围	较高
特别严重损害	特别严重影响或丧失行使能力	严重下降且或功能无法执行	极其严重	极高	大范围	非常高

5. 确定定级对象的安全保护等级

根据业务信息安全被破坏时所侵害的客体以及对相应客体的侵害程度，依据业务信息安全保护等级矩阵表(表 7-5)，即可得到业务信息安全保护等级。

根据系统服务安全被破坏时所侵害的客体以及对相应客体的侵害程度，依据系统服务安全保护等级矩阵表(表 7-6)，即可得到系统服务安全保护等级。

表 7-5　业务信息安全保护等级矩阵表

业务信息安全被破坏时所侵害的客体	对相应客体的侵害程度		
	一般损害	严重损害	特别严重损害
公民、法人和其他组织的合法权益	第一级	第二级	第二级
社会秩序、公共利益	第二级	第三级	第四级
国家安全	第三级	第四级	第五级

表 7-6　系统服务安全保护等级矩阵表

系统服务安全被破坏时所侵害的客体	对相应客体的侵害程度		
	一般损害	严重损害	特别严重损害
公民、法人和其他组织的合法权益	第一级	第二级	第二级
社会秩序、公共利益	第二级	第三级	第四级
国家安全	第三级	第四级	第五级

请注意，定级对象的信息系统安全保护等级由业务信息安全保护等级和系统服务安全保护等级的较高者决定。例如，某信息系统的业务信息安全保护等级被定为第二级，系统服务安全保护等级被定为第三级，则该信息系统就被定为第三级。

7.5　等级保护基本要求

随着《中华人民共和国网络安全法》的实施，同时适应云计算、移动互联、物联网和工业控制系统等新技术、新应用情况下网络安全等级保护工作的开展，对《信息安全技术　信息系统安全等级保护基本要求》(GB/T 22239—2008)进行修订，于 2019 年 5 月10 日发布了新的国家标准《信息安全技术　网络安全等级保护基本要求》(GB/T 22239—2019)，并于 2019 年 12 月 1 日实施。　新版标准调整了原标准中的内容，针对共性安全保护需求提出安全通用要求；针对云计算、移动互联、物联网和工业控制系统等新技术、新应用领域的个性安全保护需求提出安全扩展要求，形成新的网络安全等级保护基本要求标准。

7.5.1　等级保护对象的安全要求及选择

依据等级保护对象的定级结果选择安全保护措施，等级保护基本要求中安全技术要求分为三类：保护数据在存储、传输、处理过程中不被泄露、破坏和免受未授权的修改的信息安全类要求(简记为 S)；保护系统连续正常地运行，免受对系统的未授权修改、破坏而导致系统不可用的服务保证类要求(简记为 A)；其他通用性安全保护类要求(简记为 G)。所有安全管理要求均为通用性安全保护类要求。表 7-7 给出了安全技术要求和属性标识，表 7-8 给出了安全管理要求和属性标识。

表 7-7　安全技术要求和属性标识

分类	安全控制点	属性标识	分类	安全控制点	属性标识
安全物理环境	物理位置选择	G	安全物理环境	防水和防潮	G
	物理访问控制	G		防静电	G
	防盗窃和防破坏	G		温湿度控制	G
	防雷击	G		电力供应	A
	防火	G		电磁防护	S
安全通信网络	网络架构	G	安全通信网络	可信验证	S
	通信传输	G			
安全区域边界	边界防护	G	安全区域边界	可信验证	S
	访问控制	G		恶意代码防范	G
	入侵防范	G		安全审计	G
安全计算环境	身份鉴别	S	安全计算环境	数据完整性	S
	访问控制	S		数据保密性	S
	安全审计	G		数据备份恢复	A
	可信验证	S		剩余信息保护	S
	入侵防范	G		个人信息保护	S
	恶意代码防范	G			
安全管理中心	系统管理	G	安全管理中心	安全管理	G
	审计管理	G		集中管控	G

表 7-8　安全管理要求及属性标识

分类	安全控制点	属性标识	分类	安全控制点	属性标识
安全管理制度	安全策略	G	安全管理制度	制定和发布	G
	管理制度	G		评审和修订	G
安全管理机构	岗位设置	G	安全管理机构	沟通和合作	G
	人员配备	G		审核和检查	G
	授权和审批	G			
安全管理人员	人员录用	G	安全管理人员	安全意识教育和培训	G
	人员离岗	G		外部人员访问管理	G
安全建设管理	定级和备案	G	安全建设管理	工程实施	G
	安全方案设计	G		测试验收	G
	产品采购和使用	G		系统交付	G
	自行软件开发	G		等级测评	G
	外包软件开发	G		服务供应商管理	G
安全运维管理	环境管理	G	安全运维管理	配置管理	G
	资产管理	G		密码管理	G

续表

分类	安全控制点	属性标识	分类	安全控制点	属性标识
安全运维管理	介质管理	G	安全运维管理	变更管理	G
	设备维护管理	G		备份与恢复管理	G
	漏洞和风险管理	G		安全事件处置	G
	网络与系统安全管理	G		应急预案管理	G
	恶意代码防范管理	G		外包运维管理	G

保证不同安全保护等级的对象具有相应级别的安全保护能力,是安全等级保护的核心。等级保护对象定级以后,结合表 7-7 的安全技术要求和表 7-8 的安全管理要求,按照以下过程进行安全要求的选择。

(1)根据等级保护对象的级别选择安全要求。例如,一级选择第一级安全要求,二级选择第二级安全要求。

(2)根据定级结果,系统服务保证性等级选择相应级别的系统服务保证类(A 类)安全要求;业务信息安全性等级选择相应级别的业务信息安全类(S 类)安全要求。

(3)根据等级保护对象采用新技术和新应用的情况,选用相应级别的安全扩展要求作为补充。例如,采用云计算技术的选用云计算安全扩展要求,物联网选用物联网安全扩展要求。

(4)针对不同行业或不同对象的特点,在某些方面的特殊安全保护能力要求,选择较高级别的安全要求或其他标准的补充安全要求。对于等级保护基本要求中提出的安全要求无法实现或有更加有效的安全措施可以替代的,可以对安全要求进行调整,调整的原则是保证不降低整体安全保护能力。

7.5.2　关键技术

在较高等级保护对象的安全建设和安全整改中,注重使用以下关键技术。

1. 可信计算技术

针对计算资源构建保护环境,以 TCB 为基础,实现软硬件计算资源可信;针对信息资源构建业务流程控制链,基于可信计算技术实现访问控制和安全认证、密码操作调用和资源的管理等,构建以可信计算技术为基础的等级保护核心技术体系。

2. 强制访问控制技术

在较高等级保护对象中使用强制访问控制技术,强制访问控制技术需要总体设计、全局考虑,在通信网络、操作系统、应用系统各个方面实现访问控制标记和策略,进行统一的主、客体安全标记,安全标记随数据全程流动,并在不同访问控制点之间实现访问控制策略的关联,构建各个层面强度一致的访问控制体系。

3. 审计追查技术

审计追查技术基于现有的大量事件的采集、数据挖掘、智能事件关联和基于业务的运维监控技术，解决海量数据处理瓶颈，通过对审计数据快速提取，满足信息处理中对于检索速度和准确性的需求；同时，建立事件分析模型，发现高级安全威胁，并追查威胁路径和定位威胁源头，实现对攻击行为的有效防范和追查。

4. 结构化保护技术

结构化保护技术通过良好的模块结构与层次设计等方法来保证等级保护对象具有相当的抗渗透能力，为安全功能的正常执行提供保障。较高等级保护对象的安全功能可以形式表述、不可被篡改、不可被绕转，隐蔽信道不可被利用，通过保障安全功能的正常执行，使系统具备源于自身结构的、主动性的防御能力，利用可信技术实现结构化保护。

5. 多级互联技术

多级互联技术在保证各等级保护对象自治和安全的前提下，有效控制异构等级保护对象间的安全互操作，从而实现分布式资源的共享和交互。随着对结构网络化和业务应用分布化的动态性要求越来越高，多级互联技术应在不破坏原有等级保护对象正常运行和安全的前提下，实现不同级别之间的多级安全互联、互通和数据交换。

7.6 等级保护安全设计技术要求

与 7.5 节介绍的 GB/T 22239—2019 标准同时发布的还有《信息安全技术 网络安全等级保护安全设计技术要求》（GB/T 25070—2019），代替了《信息安全技术 信息系统等级保护安全设计技术要求》（GB/T 25070—2010）。新标准调整了原标准中的内容，针对共性安全保护目标提出通用的安全设计技术要求；针对云计算、移动互联、物联网和工业控制系统等新技术、新应用领域的特殊安全保护目标提出特殊的安全设计技术要求。

7.6.1 通用等级保护安全技术设计框架

网络安全等级保护安全技术设计框架包括各级系统安全保护环境的设计及其安全互联的设计，如图 1-6 所示。各级系统安全保护环境由相应级别的安全计算环境、安全区域边界、安全通信网络和（或）安全管理中心组成。定级系统互联部件由安全互联部件和跨定级系统安全管理中心组成。

7.6.2 云计算等级保护安全技术设计框架

云计算等级保护安全技术设计框架如图 7-2 所示，结合了云计算功能分层框架和云计算安全特点，包括云用户层、访问层、服务层、资源层、硬件设施层和安全管理层（跨层功能）。其中一个中心指安全管理中心，三重防护包括安全计算环境、安全区域边界和安全通信网络。

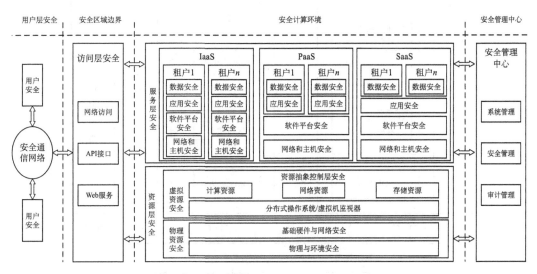

图 7-2　云计算等级保护安全技术设计框架

在图 7-2 中，用户通过安全通信网络以网络访问、API 接口访问和 Web 服务访问等方式安全地访问云服务商提供的安全计算环境，这里不包括用户终端自身的安全保障。安全计算环境包括资源层安全和服务层安全。资源层安全分为物理资源安全和虚拟资源安全，设计中需要明确物理资源安全设计技术要求和虚拟资源安全设计技术要求。服务层是对云服务商所提供服务的实现，包含实现服务所需的软件组件，根据服务模式不同，云服务商和云租户承担的安全责任不同。服务层安全设计需要明确云服务商控制的资源范围内的安全设计技术要求，并且云服务商可以通过提供安全接口和安全服务为云租户提供安全技术和安全防护能力。云计算环境的系统管理、安全管理和审计管理由安全管理中心统一管控。结合本框架对不同等级的云计算环境进行安全技术设计，同时通过服务层安全支持对不同等级云租户端(业务系统)的安全设计。

7.6.3　移动互联等级保护安全技术设计框架

移动互联等级保护安全技术设计框架如图 7-3 所示，其中安全计算环境由核心业务域、DMZ 域和远程接入域组成；安全区域边界由移动终端区域边界、传统计算终端区域边界、核心服务器区域边界、DMZ 域边界组成；安全通信网络由移动运营商或用户自己搭建的无线网络组成。等级保护安全设计技术要求中将移动互联系统中的计算结点分为两类：移动计算结点和传统计算结点。移动计算结点主要包括远程接入域和核心业务域中的移动终端，传统计算结点主要包括核心业务域中的传统计算终端和核心服务器等。

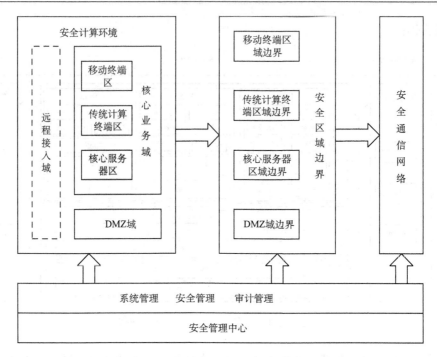

图 7-3　移动互联等级保护安全技术设计框架

1）核心业务域

核心业务域是移动互联系统的核心区域，由移动终端区、传统计算终端区和核心服务器区三个区域构成，完成对移动互联业务的处理、维护等。核心业务域重点保障域内核心服务器、计算终端和移动终端的操作系统安全、应用安全、网络通信安全、设备接入安全。

2）DMZ 域

DMZ 域是移动互联系统的对外服务区域，部署对外服务的服务器及应用，如 Web 服务器、数据库服务器等，该区域和互联网相连，来自互联网的访问请求经过该区域中转才能访问核心业务域。DMZ 域重点保障服务器操作系统及应用安全。

3）远程接入域

远程接入域由移动互联系统运营使用单位可控的、通过 VPN 等技术手段远程接入的移动终端组成，完成远程办公、应用系统管控等业务。远程接入域重点保障远程移动终端自身运行安全、接入移动互联应用系统安全和通信网络安全。

7.6.4　物联网等级保护安全技术设计框架

物联网等级保护安全技术设计框架如图 7-4 所示，结合了物联网系统的特点，构建在安全管理中心支持下的安全计算环境、安全区域边界、安全通信网络三重防御体系。物联网系统感知层和应用层都由完成计算任务的计算环境和连接网络通信域的区域边界组成。

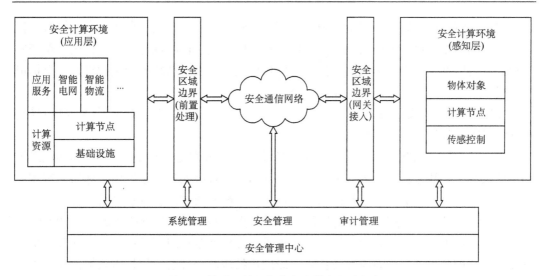

图 7-4   物联网等级保护安全技术设计框架

1）安全计算环境

安全计算环境包括物联网系统感知层和应用层中对定级系统的信息进行存储、处理及实施安全策略的相关部件，如感知层中的物体对象、计算结点、传感控制等设备，以及应用层中的计算资源及应用服务等。

2）安全区域边界

安全区域边界包括物联网系统安全计算环境边界，以及安全计算环境与安全通信网络之间实现连接并实施安全策略的相关部件，如感知层和网络层之间的边界、网络层和应用层之间的边界等。

3）安全通信网络

安全通信网络包括物联网系统安全计算环境和安全区域之间进行信息传输及实施安全策略的相关部件，如网络层的通信网络以及感知层和应用层内部安全计算环境之间的通信网络等。

4）安全管理中心

安全管理中心包括对物联网系统的安全策略及安全计算环境、安全区域边界和安全通信网络上的安全机制实施统一管理的平台，包括系统管理、安全管理和审计管理三部分。

7.7   本 章 小 结

(1) 1985 年美国国防部公布了《可信计算机系统评估准则》，该准则为评测计算机安全产品提供了测试准则和方法。TCSEC 是计算机系统安全评估的第一个正式标准，具有划时代的意义。TCSEC 把计算机系统分为四类八个安全等级，从低到高的安全等级分别为 D、C1、C2、B1、B2、B3、A1 和超 A1。

（2）《计算机信息系统　安全保护等级划分准则》是我国开展信息系统安全等级保护制度建设的核心，也是进行信息安全评估和管理的基础。标准规定了计算机信息系统安全保护能力的五个等级，从低到高依次为用户自主保护级、系统审计保护级、安全标记保护级、结构化保护级、访问验证保护级。

（3）信息系统的安全保护等级由两个定级要素决定：①等级保护对象（信息系统）受到破坏时侵害的客体；②对客体造成侵害的程度。

（4）信息系统受到破坏时所侵害的客体分为三类，分别是：①公民、法人和其他组织的合法权益；②社会秩序、公共利益；③国家安全。等级保护对象受到破坏后对客体造成侵害的程度分为三类，分别是：①一般损害；②严重损害；③特别严重损害。

（5）国家标准《信息安全技术　网络安全等级保护基本要求》（GB/T 22239—2019）于2019 年 12 月 1 日实施，针对共性安全保护需求提出安全通用要求；针对云计算、移动互联、物联网和工业控制系统等新技术、新应用领域的个性安全保护需求提出安全扩展要求。

（6）国家标准《信息安全技术　网络安全等级保护安全设计技术要求》（GB/T 25070—2019）于 2019 年 12 月 1 日实施。针对共性安全保护目标提出通用的安全设计技术要求；针对云计算、移动互联、物联网和工业控制系统等新技术、新应用领域的特殊安全保护目标提出特殊的安全设计技术要求。

习　　题

1. 发布 TCSEC 的目的有哪些？

2. TCSEC 所规定的八个安全等级的主要特征是什么？C1 和 C2 级之间的主要区别是什么？B1、B2 和 B3 级之间的主要区别是什么？

3. 制定《计算机信息系统　安全保护等级划分准则》的主要目的是什么？安全等级是如何划分的？

4. 简述计算机信息系统可信计算基的概念。

5. 简述等级保护定级方法。

6. 简述通用等级保护安全技术设计框架。

7. 简述云计算等级保护安全技术设计框架。

8. 简述移动互联等级保护安全技术设计框架。

9. 简述物联网等级保护安全技术设计框架。

第 8 章　信息安全管理

8.1　信息安全管理概述

信息安全管理是通过维护信息的保密性、完整性和可用性等来管理和保护信息资产的一项体制，是对信息安全保障进行指导、规范和管理的一系列活动和过程。信息安全管理是信息安全保障体系建设的重要组成部分，对于保护信息资产、降低信息系统安全风险、指导信息系统安全体系建设具有重要的作用。

在 ISO/IEC 27000 系列标准中，信息安全管理体系(Information Security Management System, ISMS)的定义为：基于业务风险方法，建立、实施、运行、监视、评审、保持和改进信息安全的体系，是一个组织机构整个管理体系的一部分。管理体系包括组织结构、方针策略、规划活动、职责、实践、规程、过程和资源。

8.2　我国的信息安全管理

8.2.1　制定和引进信息安全管理标准

1999 年，公安部主持制定、国家质量技术监督局发布了强制性国家标准《计算机信息系统 安全保护等级划分准则》(GB 17859—1999)，公安部围绕管理要求制定了行业推荐标准《计算机信息系统安全等级保护管理要求》(GA/T 391—2002)，2006 年 5 月国家质量监督检验检疫总局和国家标准化管理委员会发布了国家标准《信息安全技术 信息系统安全管理要求》(GB/T 20269—2006)，依据 GB 17859—1999 的五个安全保护等级的划分，规定了信息系统安全所需要的各个安全等级的管理要求。

进入 21 世纪初，我国引进了信息安全管理方面的 ISO/IEC 27000 系列国际标准。目前，国家标准《信息技术 安全技术 信息安全管理体系 要求》(GB/T 22080—2016)使用翻译法等同采用 ISO/IEC 27001:2013 代替了《信息技术 安全技术 信息安全管理体系 要求》(GB/T 22080—2008)，于 2017 年 3 月 1 日实施。国家标准《信息技术 安全技术 信息安全控制实践指南》(GB/T 22081—2016)等同采用 ISO/IEC 27002: 2013 代替了《信息技术 安全技术 信息安全管理实用规则》(GB/T 22081—2008)，于 2017 年 3 月 1 日实施。国家标准《信息技术 安全技术 信息安全管理体系 概述和词汇》(GB/T 29246—2017)等同采用 ISO/IEC 27000: 2016 代替了《信息技术 安全技术 信息安全管理体系 概述和词汇》(GB/T 29246—2012)，于 2018 年 7 月 1 日实施。我国已启动符合 ISO/IEC 27001 标准的信息安全管理体系认证的工作。

8.2.2　开展信息安全风险评估工作

　　风险评估是信息安全管理的核心工作之一。国家质量监督检验检疫总局和国家标准化管理委员会于 2007 年 6 月 14 日发布了国家标准《信息安全技术　信息安全风险评估规范》（GB/T 20984—2007），并于 2007 年 11 月 1 日实施；于 2009 年 9 月 30 日发布了国家标准《风险管理　原则与实施指南》（GB/T 24353—2009），并于 2009 年 12 月 1 日实施；于 2011 年 12 月 30 日发布了国家标准《风险管理　风险评估技术》（GB/T 27921—2011），并于 2012 年 2 月 1 日实施。

8.3　ISO 27000 系列标准介绍

　　ISO/IEC 27000 系列是 ISO 为信息安全管理体系标准预留的编号，类似于质量管理体系的 ISO 9000 系列和环境管理体系的 ISO 14000 系列标准。表 8-1 给出了标准簇中各个标准的范围和目的。

表 8-1　ISO/IEC 27000 系列标准

标准编号	范围	目的
术语标准		
ISO/IEC 27000: 2018 《信息技术　安全技术　信息安全管理体系　概述和词汇》	为组织机构和个人提供 ISMS 标准簇的概述、ISMS 的介绍和 ISMS 标准簇中使用的术语与定义	描述 ISMS 的基础，形成 ISMS 标准簇的主题，并定义相关术语
要求标准		
ISO/IEC 27001: 2013 《信息技术　安全技术　信息安全管理体系　要求》	在组织机构整体业务风险的语境下建立、实施、运行、监视、评审、保持和改进正式 ISMS 的要求。可用来定制以满足单个组织机构或其部门需要的信息安全控制措施的实现要求	为 ISMS 的开发和运行提供规范性要求，包括一套控制和降低信息资产相关风险的控制措施。组织机构通过运行 ISMS 寻求对其信息资产的保护。组织机构可以对其运行的 ISMS 的符合性进行审核和认证
ISO/IEC 27006: 2015 《信息技术　安全技术　信息安全管理体系审核认证机构的要求》	为依据 ISO/IEC 27001 提供审核和 ISMS 认证的机构，规范要求并提供指南。为依据 ISO/IEC 27001 提供 ISMS 认证的认证机构的认可提供支持	提供对认证组织机构进行认可的要求，以此许可这些组织机构一贯地提供对 ISO/IEC 27001 要求的符合性认证
指南标准		
ISO/IEC 27002: 2013 《信息技术　安全技术　信息安全控制实践指南》	提供一套被广泛接受的控制目标和最佳实践的控制措施，为选择和实施实现信息安全的控制措施提供指南	提供关于信息安全控制措施实施的指南
ISO/IEC 27003: 2017 《信息技术　安全技术　信息安全管理体系　指南》	为依据 ISO/IEC 27001 建立、实施、运行、监视、评审、保持和改进 ISMS 提供实用的实施指南和进一步信息	为依据 ISO/IEC 27001 成功实施 ISMS 提供面向过程的方法

标准编号	范围	目的
ISO/IEC 27004:2016 《信息技术 安全技术 信息安全管理 监控 测量 分析和评估》	为了对 ISO/IEC 27001 所规范的、用于实施和管理信息安全的 ISMS、控制目标与控制措施的有效性进行评估,提供测量的开发和使用指南及建议	提供一种测量框架,以便能够依据 ISO/IEC 27001 对 ISMS 的有效性进行测量
ISO/IEC 27005:2018 《信息技术 安全技术 信息安全风险管理》	为信息安全风险管理提供指南	为实施面向过程的风险管理方法提供指南,有助于圆满实施 ISO/IEC 27001 中的信息安全风险管理要求
ISO/IEC 27007:2020 《信息安全、网络安全和隐私保护 信息安全管理体系审核指南》	提供了有关 ISMS 审核计划、实施审核、审核员能力的指南	为需要依据 ISO/IEC 27001 中所规范的要求,进行 ISMS 内部或外部审核或者管理 ISMS 审核方案的组织提供指南
ISO/IEC TR 27008:2019 《信息技术 安全技术 信息安全控制措施评估指南》	为评审控制措施的实施和运行符合组织机构建立的信息安全标准提供指南,包括信息系统控制措施的技术符合性检查	评审信息安全控制措施,包括对照组织机构建立的信息安全标准检查技术符合性
ISO/IEC 27013:2015 《信息技术 安全技术 ISO/IEC 27001 和 ISO/TEC 20000-1 综合实施指南》	为组织机构进行如下任何一种 ISO/IEC 27001 和 ISO/IEC 20000-1 的综合实施提供指南;专门聚焦在综合实施 ISO/IEC 27001 中所规范的 ISMS 和 ISO/IEC 20000-1 中所规范的服务管理体系(SMS)	为组织机构提供对 ISO/IEC 27001 和 ISO/IEC 20000-1 的特征和异同的更好理解,有助于规划同时符合两个标准的综合管理体系
ISO/IEC 27014:2020 《信息安全、网络安全和隐私保护 信息安全治理》	就信息安全治理的原则和过程提供指南,组织机构依此可以评价、指导和监视信息安全管理	信息安全已成为组织机构的一个关键问题。不仅法律法规要求日益增加,而且组织机构的信息安全措施失效会直接影响其声誉。因此,治理者越来越需要承担起治理责任中的信息安全监督职责,来确保组织机构目标的实现
ISO/IEC TR 27016:2014 《信息技术 安全技术 信息安全管理 组织经济学》	提供一种方法学,使组织机构能够更好地从经济上理解如何准确估价其所识别的信息资产,评价这些信息资产面临的潜在风险,认识对这些信息资产进行保护控制的价值,并确定用于保护这些信息资产的资源最佳配置程度	在组织机构所处的更广泛社会环境的语境下,在组织机构信息资产的保护中叠加经济视角,并通过模型和例子提供如何应用信息安全组织经济学的指南,是对 ISMS 标准簇的补充
行业标准		
ISO/IEC 27010:2015 《信息技术 安全技术 行业间和组织间通信的信息安全管理》	在 ISMS 标准簇已有指南的基础上,为在信息共享社区中实施信息安全管理提供指南,特别是为在组织机构间和行业间启动、实施、保持和改进信息安全另外提供控制措施和指南	适用于所有形式的敏感信息交换与共享,不论公共的还是私人的、国内的还是国际的、同行业或市场的还是行业间的。特别是,它可适用于与组织机构或国家关键基础设施的供给、维护和保护相关的信息交换与共享
ISO/IEC 27011:2016 《信息技术 安全技术 基于 ISO/IEC 27002 的电信组织机构信息安全管理指南》	为支持在电信组织机构中实施信息安全控制措施提供指南	能使电信组织机构满足保密性、完整性、可用性和任何其他相关安全属性的信息安全管理基线要求
ISO/IEC TR 27015:2012 《信息技术 安全技术 金融服务信息安全管理指南》	在 ISMS 标准簇已有指南的基础上,为在提供金融服务的组织机构中启动、实施、保持和改进信息安全提供指南	对 ISO/IEC 27001 和 ISO/IEC 27002 的专业补充,为提供金融服务的组织所用

标准编号	范围	目的
ISO/IEC 27017:2015 《信息技术 安全技术基于 ISO/IEC 27002 的云服务信息安全控制措施实践指南》	通过提供如下指南给出适用于云服务供给和使用的信息安全控制措施指南： (1) ISO/IEC 27002 中规范的相关控制措施的额外实施指南； (2) 与云服务特别相关的额外控制措施及其实施指南	为云服务提供者和云服务客户提供控制措施和实施指南
ISO/IEC 27018:2019 《信息技术 安全技术 可识别个人信息(PID)处理者在公有云中保护 PII 的实践指南》	按照 ISO/IEC 29100 中公有云计算环境下的隐私保护原则，为保护可识别个人信息(PII)建立被广泛接受的控制目标和控制措施，并提供措施的实施指南	适用于通过与其他组织机构签约的云计算提供信息处理服务，作为 PII 处理者的组织机构，不论公共企业还是私营企业、政府机构还是非营利组织机构
ISO/IEC TR 27019:2017 《信息技术 安全技术 能源供给行业的信息安全控制措施》	就能源供给行业过程控制系统中实施的信息安全控制措施提供指南。能源供给行业的过程控制系统与支持过程的控制相结合，对电力、燃气和供热的产生、传输、存储和分配进行控制和监视	在 ISO/IEC 27002 所规范的安全目标和控制措施的基础上，该指导性技术文件为能源供给行业和能源供应商使用的系统提供满足其进一步特定要求的信息安全控制措施的指南

ISO/IEC 27001(等同采用为国家标准 GB/T 22080)是提供信息安全管理体系认证的标准，ISO/IEC 27002(等同采用为国家标准 GB/T 22081)是为了达到 ISO/IEC 27001 的要求而提供的实施指南。这两个标准在信息安全管理体系中具有非常重要的作用。

8.4 信息安全管理体系要求

我国信息安全管理体系(ISMS)的国家标准《信息技术 安全技术 信息安全管理体系要求》(GB/T 22080—2016)等同采用了国际标准 ISO/IEC 27001:2013，定义了总则、ISMS 范围、领导和承诺，以及规划、运行、评价和改进 ISMS 等内容。

8.4.1 总则

ISMS 要求标准适用于所有类型的组织机构(如商业企业、政府机构、非营利组织)。组织机构应按照本标准的要求建立、实现、维护和持续改进 ISMS。采用 ISMS 是组织机构的一项战略性决策。ISMS 的建立和实现受组织机构的需要和目标、安全要求、组织机构所采用的过程规模及结构的影响。

ISMS 通过应用风险管理过程来保持信息的保密性、完整性和可用性，并为相关方树立风险得到充分管理的信心。ISMS 作为一部分集成在组织机构的过程和整体管理结构中，其实现程度要与组织机构的需要相符合。

标准可被内部和外部各方用于评估组织机构的能力是否满足自身的信息安全要求。

8.4.2 ISMS 范围

组织机构应确定 ISMS 的边界及其适用性，以建立其范围并形成可用的文件化信息。

在确定范围时，组织机构应考虑：①确定与其意图相关的，且影响其实现 ISMS 预期结果能力的外部和内部事项；②确定 ISMS 相关方，这些相关方与信息安全相关的要求可包括法律、法规要求和合同义务；③实施的活动之间及其与其他组织机构实施的活动之间的接口和依赖关系。

8.4.3　领导和承诺

最高管理层应通过以下活动，证实对 ISMS 的领导和承诺：①确保建立了信息安全策略和信息安全目标，并与组织机构战略方向一致；②确保将 ISMS 要求整合到组织机构过程中；③确保 ISMS 所需资源可用；④沟通有效的信息安全管理及符合 ISMS 要求的重要性；⑤确保 ISMS 达到预期结果；⑥指导并支持相关人员为 ISMS 的有效性做出贡献；⑦促进持续改进；⑧支持其他相关管理角色，以证实他们的领导按角色应用于其责任范围。

最高管理层应建立信息安全策略，该策略应：①与组织机构意图相适宜；②包括信息安全目标或为设定信息安全目标提供框架；③包括对满足适用的信息安全相关要求的承诺；④包括对持续改进 ISMS 的承诺；⑤信息安全策略应形成可用的文件化信息，并在组织机构内得到沟通，适当时对相关方可用。

8.4.4　规划 ISMS

规划 ISMS 包括应对风险和机会的措施、信息安全目标及其实现规划两个部分。

1. 应对风险和机会的措施

1）总则

当规划 ISMS 时，组织机构应考虑确定与其意图相关的，且影响其实现 ISMS 预期结果能力的外部和内部事项，组织机构应确定 ISMS 相关方，这些相关方与信息安全相关的要求可包括法律、法规要求和合同义务，并确定需要应对的风险和机会，以确保 ISMS 可达到预期结果，预防或减少不良影响，达到持续改进的目标。组织机构应规划应对这些风险和机会的措施；将这些措施整合到 ISMS 过程中，并予以实现，评价这些措施的有效性。

2）信息安全风险评估

组织机构应定义并应用以下信息安全风险评估过程。

(1) 建立并维护信息安全风险准则，包括风险接受准则、信息安全风险评估实施准则。

(2) 确保反复的信息安全风险评估产生一致的、有效的和可比较的结果。

(3) 识别信息安全风险：应用信息安全风险评估过程，以识别 ISMS 范围内与信息保密性、完整性和可用性损失有关的风险；识别风险责任人。

(4) 分析信息安全风险：评估所识别的风险发生后，可能导致的潜在后果及实际发生的可能性，确定风险级别。

(5) 评价信息安全风险：将风险分析结果与建立的风险准则进行比较，为风险处置排序已分析风险的优先级。

组织机构应保留有关信息安全风险评估过程的文件化信息。

3) 信息安全风险处置

组织机构应定义并应用以下信息安全风险处置过程。

(1) 在考虑风险评估结果的基础上，选择适合的信息安全风险处置选项。

(2) 确定实现已选的信息安全风险处置选项所必需的所有控制措施。

(3) 确定的控制措施与本标准附录 A 中的控制措施进行比较，并验证没有忽略必要的控制措施。

(4) 制定一个适用性声明，包含必要的控制措施及其选择的合理性说明，以及对本标准附录 A 控制措施删减的合理性说明。

(5) 制订正式的信息安全风险处置计划。

(6) 获得风险责任人对信息安全风险处置计划以及对信息安全剩余风险接受的批准。

组织机构应保留有关信息安全风险处置过程的文件化信息。

2. 信息安全目标及其实现规划

组织机构应保留有关信息安全目标的文件化信息，信息安全目标应：①与信息安全策略一致；②可测量（如可行）；③考虑适用的信息安全要求，以及风险评估和风险处置的结果；④得到沟通；⑤适当时更新。

在规划如何达到信息安全目标时，组织机构应确定要做什么、需要什么资源、由谁负责、什么时候完成、如何评价结果。

8.4.5　运行 ISMS

1. 运行规划和控制

为了满足信息安全要求以及实现 8.4.4 节中确定的措施，组织机构应规划、实现和控制所需要的过程。组织机构还应实现为达到确定的信息安全目标而制订的一系列计划。

组织机构应保持文件化信息达到必要的程度，以确信这些过程按计划得到执行。

组织机构应控制计划内的变更并评审非预期变更的后果，必要时采取措施减轻任何负面影响。

组织机构应确保外包过程是确定的和受控的。

2. 信息安全风险评估

组织机构应考虑所建立的信息安全风险准则，按计划的时间间隔，或当重大变更提出（或发生）时，执行信息安全风险评估。

组织机构应保留信息安全风险评估结果的文件化信息。

3. 信息安全风险处置

组织机构应实现信息安全风险处置计划。组织机构应保留信息安全风险处置结果的文件化信息。

8.4.6　评价 ISMS

1. 监视、测量、分析和评价

组织机构应评价信息安全绩效以及 ISMS 的有效性，应确定：①需要监视和测量的内容，包括信息安全过程和控制；②适用的监视、测量、分析和评价的方法，以确保得到有效的结果；③何时应执行监视和测量；④谁应监视和测量；⑤何时应分析和评价监视和测量的结果；⑥谁应分析和评价这些结果。

组织机构应保留适当的文件化信息作为监视和测量结果的证据。

2. 内部审核

组织机构应按计划的时间间隔进行内部审核，以提供信息，确定 ISMS 是否符合组织机构自身对 ISMS 的要求和本标准的要求；是否得到有效实现和维护。

组织机构应：①规划、建立、实现和维护审核一个或多个方案，包括审核频次、方法、责任、规划要求和报告，审核方案应考虑相关过程的重要性和以往审核的结果；②定义每次审核的审核准则和范围；③选择审核员并实施审核，确保审核过程的客观性和公正性；④确保将审核结果报告至相关管理层；⑤保留文件化信息作为审核方案和审核结果的证据。

3. 管理评审

最高管理层应按计划的时间间隔评审组织机构的 ISMS，以确保其持续的适宜性、充分性和有效性。

管理评审应考虑：①以往管理评审提出的措施的状态；②与 ISMS 相关的外部和内部事项的变化；③有关信息安全绩效的反馈，包括不符合和纠正措施、监视和测量结果、审核结果、信息安全目标完成情况等方面的趋势；④相关方反馈；⑤风险评估结果及风险处置计划的状态；⑥持续改进的机会。

管理评审的输出应包括与持续改进机会相关的决定以及变更 ISMS 的任何需求。组织机构应保留文件化信息作为管理评审结果的证据。

8.4.7　改进 ISMS

改进 ISMS 主要包括不符合及纠正措施、持续改进两部分。

1. 不符合及纠正措施

当发生不符合时，组织机构应：①对不符合做出反应，采取措施以控制并予以纠正，处理不符合的后果；②通过评审不符合、确定不符合的原因、确定类似的不符合是否存在或可能发生等活动，评价采取消除不符合原因的措施的需求，以防止不符合再发生或在其他地方发生；③实现任何需要的措施；④评审所采取的任何纠正措施的有效性；⑤必要时，对 ISMS 进行变更。

纠正措施应与所遇到的不符合的影响相适合。组织机构应保留文件化信息作为不符合的性质及所采取的任何后续措施、任何纠正措施的结果等方面的证据。

2. 持续改进

组织机构应持续改进 ISMS 的适宜性、充分性和有效性。

8.5　控制目标和控制措施

国家标准《信息技术 安全技术 信息安全控制实践指南》（GB/T 22081—2016）等同采用了国际标准 ISO/IEC 27002:2013，定义了信息安全管理中的 14 个安全控制类，分别是信息安全策略、信息安全组织、人力资源安全、资产管理、访问控制、密码、物理和环境安全、运行安全、通信安全、系统获取、开发和维护、供应商关系、信息安全事件管理、业务连续性管理的信息安全方面和符合性。每一个安全控制类包括若干个控制目标，并通过对应的若干项控制措施来支持。下面针对 14 个安全控制类分别介绍其控制目标和控制措施。

请注意，GB/T 22081—2016 只是定义了信息安全管理活动中的控制目标和控制措施，但是如何实现这些目标和措施在此标准中并没有规定。通过工具和信息技术手段来保障控制措施的实施，这些工作由企业和安全技术专家来完成。

8.5.1　信息安全策略

信息安全策略包括信息安全管理指导，其目标是依据业务要求和相关法律法规，为信息安全提供管理指导和支持。这里强调了一个组织机构的领导层和高级管理层参与信息安全管理的要求。表 8-2 给出了信息安全策略的控制项和控制措施。

表 8-2　信息安全策略的控制项和控制措施

控制项		控制措施
信息安全管理指导	信息安全策略	信息安全策略集应被定义，由管理者批准，并发布、传达给所有员工和外部相关方
	信息安全策略的评审	应按计划的时间间隔或当重大变化发生时进行信息安全策略评审，以确保它持续的适宜性、充分性和有效性

8.5.2　信息安全组织

信息安全组织包括内部组织、移动设备和远程工作两个部分：内部组织的目标是建立一个管理框架，以启动和控制组织机构内信息安全的实现和运行；移动设备和远程工作的目标是确保移动设备远程工作及其使用的安全。表 8-3 给出了信息安全组织的控制项和控制措施。

表 8-3　信息安全组织的控制项和控制措施

	控制项	控制措施
内部组织	信息安全的角色和责任	所有的信息安全责任应予以定义和分配
	职责分离	应分离冲突的职责及其责任范围,以减少未授权或无意的修改或者不当使用组织机构资产的机会
	与职能机构的联系	应维护与相关职能机构的适当联系
	与特定相关方的联系	应维护与特定相关方、其他专业安全论坛和专业协会的适当联系
	项目管理中的信息安全	应关注项目管理中的信息安全问题,无论何种类型的项目
移动设备和远程工作	移动设备策略	应采用相应的策略及其支持性的安全措施以管理由使用移动设备所带来的风险
	远程工作	应实现相应的策略及其支持性的安全措施,以保护在远程工作地点上所访问的、处理的或存储的信息

8.5.3　人力资源安全

人力资源安全包括任用前、任用中和任用的终止及变更三个部分:任用前的目标是确保员工和合同方理解其职任,并适合其角色;任用中的目标是确保员工和合同方意识到并履行其信息安全责任;任用的终止及变更的目标是在任用变更或终止过程中保护组织机构的利益。表 8-4 给出了人力资源安全的控制项和控制措施。

表 8-4　人力资源安全的控制项和控制措施

	控制项	控制措施
任用前	审查	应按照相关法律法规和道德规范,对所有任用候选者的背景进行验证核查,并与业务要求、访问信息的等级和察觉的风险相适宜
	任用条款及条件	应在员工和合同方的合同协议中声明他们和组织机构对信息安全的责任
任用中	管理责任	管理者应要求所有员工和合同方按照组织机构已建立的策略和规程应用信息安全
	信息安全意识、教育和培训	组织机构所有员工和相关的合同方,应按其工作职能,接受适当的意识教育和培训,以及组织机构策略及规程的定期更新的信息
	违规处理过程	应有正式的且已传达的违规处理过程以对信息安全违规的员工采取措施
任用的终止及变更	任用终止或变更的责任	应确定任用终止或变更后仍有效的信息安全责任及其职责,传达至员工或合同方并执行

8.5.4　资产管理

资产管理包括有关资产责任、信息分级和介质处理三个部分:有关资产责任的目标是识别组织机构资产并定义适当的保护责任;信息分级的目标是确保信息按照其对组织机构的重要程度受到适当水平的保护;介质处理的目标是防止存储在介质中的信息遭受未授权的泄露、修改、移除或破坏。表 8-5 给出了资产管理的控制项和控制措施。

表 8-5　资产管理的控制项和控制措施

控制项		控制措施
有关资产责任	资产清单	应识别信息以及与信息和信息处理设施相关的其他资产,并编制和维护这些资产的清单
	资产的所属关系	应维护资产清单中资产的所属关系
	资产的可接受使用	应识别可接收的信息使用规则,以及与信息和信息处理设施有关的资产的可接受的使用规则,形成文件并加以实现
	资产归还	所有员工和外部用户在任用、合同或协议终止时,应归还其占用的所有组织机构资产
信息分级	信息的分级	信息应按照法律要求、价值、重要性及其对未授权泄露或修改的敏感性进行分级
	信息的标记	应按照组织机构采用的信息分级方案,制定并实现一组适当的信息标记规程
	资产的处理	应按照组织机构采用的信息分级方案,制定并实现资产处理规程
介质处理	移动介质的管理	应按照组织机构采用的分级方案,实现移动介质管理规程
	介质的处置	应使用正式的规程安全地处置不再需要的介质
	物理介质的转移	包含信息的介质在运送中应受到保护,以防止未授权访问、不当使用或毁坏

8.5.5　访问控制

　　访问控制包括访问控制的业务要求、用户访问管理、用户责任、系统和应用访问控制等四个部分:访问控制的业务要求的目标是限制对信息和信息处理设施的访问;用户访问管理的目标是确保授权用户对系统和服务的访问,并防止未授权的访问;用户责任的目标是让用户承担保护其鉴别信息的责任;系统和应用访问控制的目标是防止对系统和应用的未授权访问。表 8-6 给出了访问控制的控制项和控制措施。

表 8-6　访问控制的控制项和控制措施

控制项		控制措施
访问控制的业务要求	访问控制策略	应基于业务和信息安全要求,建立访问控制策略,形成文件并进行评审
	网络和网络服务的访问	应仅向用户提供他们已获专门授权使用的网络和网络服务的访问
用户访问管理	用户注册和注销	应实现正式的用户注册及注销过程,以便可分配访问权
	用户访问供给	应对所有系统和服务的所有类型用户,实现一个正式的用户访问供给过程以分配或撤销访问权
	特许访问权管理	应限制并控制特许访问权的分配和使用
	用户的秘密鉴别信息管理	应通过正式的管理过程控制秘密鉴别信息的分配
	用户访问权的评审	资产拥有者应定期对用户的访问权进行评审
	访问权的移除或调整	所有员工和外部用户对信息和信息处理设施的访问权在任用、合同或协议终止时,应予以移除,或在变更时予以调整
用户责任	秘密鉴别信息的使用	应要求用户遵循组织机构在使用秘密鉴别信息时的惯例
系统和应用访问控制	信息访问控制	应按照访问控制策略限制对信息和应用系统功能的访问
	安全登录规程	当访问控制策略要求时,应通过安全登录规程控制对系统和应用的访问
	口令管理系统	口令管理系统应是交互式的,并应确保优质的口令
	特权实用程序的使用	对于可能超越系统和应用控制的实用程序的使用应予以限制并严格控制
	程序源代码的访问控制	应限制对程序源代码的访问

8.5.6　密码

密码包括密码控制,其目标是确保适当和有效地使用密码技术以保护信息的保密性、真实性和(或)完整性。表 8-7 给出了密码的控制项和控制措施。

表 8-7　密码的控制项和控制措施

控制项		控制措施
密码控制	密码控制的使用策略	应开发和实现用于保护信息的密码控制使用策略
	密钥管理	应制定和实现贯穿其全生命周期的密钥使用、保护和生存期策略

8.5.7　物理和环境安全

物理和环境安全包括安全区域和设备两个部分:安全区域的目标是防止对组织机构信息和信息处理设施的未授权物理访问、损坏和干扰;设备的目标是防止资产的丢失、损坏、失窃或危及资产安全以及组织活动的中断。表 8-8 给出了物理和环境安全的控制项和控制措施。

表 8-8　物理和环境安全的控制项和控制措施

控制项		控制措施
安全区域	物理安全边界	应定义和使用安全边界来保护包含敏感或关键信息和信息处理设施的区域
	物理入口控制	安全区域应由适合的入口控制所保护,以确保只有授权的人员才允许访问
	办公室、房间和设施的安全保护	应为办公室、房间和设施设计并采取物理安全措施
	外部和环境威胁的安全防护	应设计和应用物理保护以防自然灾害、恶意攻击和意外
	在安全区域工作	应设计和应用安全区域工作规程
	交接区	访问点(如交接区)和未授权人员可进入的其他点应加以控制,如果可能,要与信息处理设施隔离,以避免未授权访问
设备	设备安置和保护	应安置或保护设备,以减少由环境威胁和危险所造成的各种风险以及未授权访问的机会
	支持性设施	应保护设备使其免于由支持性设施的失效而引起的电源故障和其他中断
	布缆安全	应保证传输数据或支持信息服务的电源布缆和通信布缆免受窃听、干扰或损坏
	设备维护	设备应予以正确的维护,以确保其持续的可用性和完整性
	资产的移动	设备、信息或软件在授权之前不应带出组织机构场所
	组织机构场所外的设备与资产安全	应对组织机构场所外的资产采取安全措施,要考虑工作在组织机构场所外的不同风险
	设备的安全处置或再利用	包含储存介质的设备的所有部分应进行核查,以确保在处置或再利用之前,任何敏感信息和注册软件已被删除或安全地重写
	无人值守的用户设备	用户应确保无人值守的用户设备有适当的保护
	清理桌面和屏幕策略	应针对纸质和可移动存储介质,采取清理桌面策略;应针对信息处理设施,采用清理屏幕策略

8.5.8　运行安全

运行安全包括运行规程和责任、恶意软件防范、备份、日志和监视、运行软件控制、技术方面的脆弱性管理、信息系统审计的考虑等七个部分：运行规程和责任的目标是确保正确、安全地运行信息处理设施；恶意软件防范的目标是确保信息和信息处理设施防范恶意软件；备份的目标是防止数据丢失；日志和监视的目标是记录事态并生成证据；运行软件控制的目标是确保运行系统的完整性；技术方面的脆弱性管理的目标是防止对技术脆弱性的利用；信息系统审计的考虑目标是使设计活动对运行系统的影响最小化。表 8-9 给出了运行安全的控制项和控制措施。

表 8-9　运行安全的控制项和控制措施

控制项		控制措施
运行规程和责任	文件化的操作规程	操作规程应形成文件，并对所需用户可用
	变更管理	应控制影响信息安全的变更，包括组织机构、业务过程、信息处理设施和系统变更
	容量管理	应对资源的使用进行监视，调整和预测未来的容量需求，以确保所需的系统性能
	开发、测试和运行环境的分离	应分离开发、测试和运行环境，以降低对运行环境未授权访问或变更的风险
恶意软件防范	恶意软件的控制	应实现检测、预防和恢复控制以防范恶意软件，并结合适当的用户意识教育
备份	信息备份	应按照既定的备份策略，对信息、软件和系统镜像进行备份，并定期测试
日志和监视	事态日志	应产生、保持并定期评审记录用户活动、异常、错误和信息安全事态的事态日志
	日志信息的保护	记录日志的设施和日志信息应加以保护，以防止篡改和未授权的访问
	管理员和操作员日志	系统管理员和系统操作员活动应记入日志，并对日志进行保护和定期评审
	时钟同步	一个组织机构或安全区域内的所有相关信息处理设施的时钟，应与单一基准的时间源同步
运行软件控制	运行系统的软件安装	应实现运行系统软件安装控制规程
技术方面的脆弱性管理	技术方面脆弱性的管理	应及时获取在用的信息系统的技术方面的脆弱性信息，评价组织机构对这些脆弱性的暴露状况并采取适当的措施来应对相关风险
	软件安装限制	应建立并实现控制用户安装软件的规则
信息系统审计的考虑	信息系统审计的控制	涉及运行系统验证的审计要求和活动，应谨慎地加以规划并取得批准，以便最小化业务过程的中断

8.5.9　通信安全

通信安全包括网络安全管理和信息传输两个部分：网络安全管理的目标是确保网络中的信息及其支持性的信息处理设施得到保护；信息传输的目标是维护在组织内及其与外部实体间传输信息的安全。表 8-10 给出了通信安全的控制项和控制措施。

表 8-10　通信安全的控制项和控制措施

控制项		控制措施
网络安全管理	网络控制	应管理和控制网络以保护系统和应用中的信息
	网络服务的安全	所有网络服务的安全机制、服务级别和管理要求应予以确定并包括在网络服务协议中，无论这些服务是由内部提供的还是外包的
	网络中的隔离	应在网络中隔离信息服务、用户及信息系统
信息传输	信息传输策略和规程	应有正式的传输策略、规程和控制，以保护通过使用各种类型通信设施进行的信息传输
	信息传输协议	协议应解决组织机构与外部方之间业务信息的安全传输
	电子消息发送	应适当保护包含在电子消息发送中的信息
	保密性或不泄露协议	应识别、定期评审和文件化反映组织机构信息保护需要的保密性或不泄露协议的要求

8.5.10　系统获取、开发和维护

系统获取、开发和维护包括信息系统的安全要求、开发和支持过程中的安全及测试数据三个部分：信息系统的安全要求的目标是确保信息安全是信息系统整个生命周期中的一个有机组成部分，这也包括提供公共网络服务的信息系统的要求；开发和支持过程中的安全的目标是确保信息安全在信息系统开发生命周期中得到设计和实现；测试数据的目标是确保用于测试的数据得到保护。表 8-11 给出了系统获取、开发和维护的控制项和控制措施。

表 8-11　系统获取、开发和维护的控制项和控制措施

控制项		控制措施
信息系统的安全要求	信息安全要求分析和说明	新建信息系统或增强现有信息系统的要求中应包括信息安全相关要求
	公共网络上应用服务的安全保护	应保护在公共网络上的应用服务中的信息以防止欺诈行为、合同纠纷以及未经授权的泄露和修改
	应用服务事务的保护	应保护应用服务事务中的信息，以防止不完整的传输、错误路由、未授权的消息变更、未授权的泄露、未授权的消息复制或重放
开发和支持过程中的安全	安全的开发策略	针对组织机构内的开发，应建立软件和系统开发规则并应用
	系统变更控制规程	应使用正式的变更控制规程来控制开发生命周期内的系统变更
	运行平台变更后对应用的技术评审	当运行平台发生变更时，应对业务的关键应用进行评审和测试，以确保对组织机构的运行和安全没有负面影响
	软件包变更的限制	应不鼓励对软件包进行修改，仅限于必要的变更，且对所有变更加以严格控制
	系统安全工程原则	应建立、文件化和维护系统安全工程原则，并应用到任何信息系统实现工作中
	安全的开发环境	组织机构应针对覆盖系统开发生命周期的系统开发和集成活动，建立安全开发环境，并予以适当保护
	外包开发	组织机构应督导和监视外包系统开发活动
	系统安全测试	应在开发过程中进行安全功能测试
	系统验收测试	应建立对新的信息系统、升级及新版本的验收测试方案和相关准则
测试数据	测试数据的保护	测试数据应认真地加以选择、保护和控制

8.5.11　供应商关系

供应商关系包括供应商关系中的信息安全、供应商服务交付管理两个部分：供应商关系中的信息安全的目标是确保供应商可访问的组织机构资产得到保护；供应商服务交付管理的目标是维护与供应商协议一致的信息安全和服务交付的商定级别。表 8-12 给出了供应商关系的控制项和控制措施。

表 8-12　供应商关系的控制项和控制措施

控制项		控制措施
供应商关系中的信息安全	供应商关系的信息安全策略	为降低供应商访问组织机构资产的相关风险，应与供应商就信息安全要求达成一致，并形成文件
	在供应商协议中强调安全	应与每个可能访问、处理、存储、传递组织机构信息或为组织机构信息提供 IT 基础设施组件的供应商建立所有相关的信息安全要求，并达成一致
	信息与通信技术供应链	供应商协议应包括信息与通信技术服务以及产品供应链相关的信息安全风险处理要求
供应商服务交付管理	供应商服务的监视和评审	组织机构应定期监视、评审和审核供应商服务交付
	供应商服务的变更管理	应管理供应商所提供服务的变更，包括维护和改进现有的信息安全策略、规程和控制，管理应考虑变更涉及的业务信息、系统和过程的关键程度及风险的再评估

8.5.12　信息安全事件管理

信息安全事件管理包括信息安全事件的管理和改进，其目标是确保采用一致和有效的方法对信息安全事件进行管理，包括对安全事态和弱点的沟通。表 8-13 给出了信息安全事件管理的控制项和控制措施。

表 8-13　信息安全事件管理的控制项和控制措施

控制项		控制措施
信息安全事件的管理和改进	责任和规程	应建立管理责任和规程，以确保快速、有效和有序地响应信息安全事件
	报告信息安全事态	应通过适当的管理渠道尽快地报告信息安全事态
	报告信息安全弱点	应要求使用组织机构信息系统和服务的员工及合同方注意并报告任何观察到的或可疑的系统或服务中的信息安全弱点
	信息安全事态的评估和决策	应评估信息安全事态并决定其是否属于信息安全事件
	信息安全事件的响应	应按照文件化的规程响应信息安全事件
	从信息安全事件中学习	应利用在分析与解决信息安全事件中得到的知识来减少未来事件发生的可能性和影响
	证据的收集	组织机构应确定和应用规程来识别、收集、获取与保存可用作证据的信息

8.5.13　业务连续性管理的信息安全方面

业务连续性管理的信息安全方面包括信息安全的连续性、冗余两个部分：信息安全的连续性的目标是将信息安全连续性纳入组织机构业务连续性管理之中；冗余的目标是确保信息处理设施的可用性。表 8-14 给出了业务连续性管理的信息安全方面的控制项和控制措施。

表 8-14　业务连续性管理的信息安全方面的控制项和控制措施

控制项		控制措施
信息安全的连续性	规划信息安全连续性	组织机构应确定在不利情况(如危机或灾难)下，对信息安全及信息安全管理连续性的要求
	实现信息安全连续性	组织机构应建立、文件化、实现并维护过程、规程和控制，以确保在不利情况下信息安全连续性达到要求的级别
	验证、评审和评价信息安全连续性	组织机构应定期验证已建立和实现的信息安全连续性控制，以确保这些控制在不利情况下是正当和有效的
冗余	信息处理设施的可用性	信息处理设施应当实现冗余，以满足可用性要求

8.5.14　符合性

符合性包括符合法律和合同要求、信息安全评审两个部分：符合法律和合同要求的目标是避免违反与信息安全有关的法律、法规、规章或合同义务以及任何安全要求；信息安全评审的目标是确保依据组织机构策略与规程来实现和运行信息安全。表 8-15 给出了符合性的控制项和控制措施。

表 8-15　符合性的控制项和控制措施

控制项		控制措施
符合法律和合同要求	适用的法律和合同要求的识别	对每一个信息系统和组织而言，所有相关的法律、法规、规章和合同要求，以及为满足这些要求组织机构所采用的方法，应加以明确的定义，形成文件并保持更新
	知识产权	应实现适当的规程，以确保在使用具有知识产权的材料和具有所有权的软件产品时，符合法律、法规和合同的要求
	记录的保护	应根据法律、法规、规章、合同和业务要求，对记录进行保护以防其丢失、毁坏、伪造、未授权访问和未授权发布
	隐私和个人可识别信息保护	应依照相关的法律、法规和合同条款的要求，以确保隐私和个人可识别信息得到保护
	密码控制规则	密码控制的使用应遵从所有相关的协议、法律和法规
信息安全评审	信息安全的独立评审	应按计划的时间间隔或在重大变化发生时，对组织机构的信息安全管理方法及其实现(如信息安全的控制目标、控制、策略、过程和规程)进行独立评审
	符合安全策略和标准	管理者应定期评审其责任范围内的信息处理和规程与适当的安全策略、标准及任何其他安全要求的符合性
	技术符合性评审	应定期评审信息系统与组织的信息安全策略和标准的符合性

　　请注意，上述所列的控制目标和控制措施并不是完备的，组织机构也可能需要选择另外的控制目标和控制措施。以上可作为选择控制措施的出发点，以确保不会遗漏重要的可选控制措施。

8.6　本 章 小 结

　　(1)信息安全管理是通过维护信息的保密性、完整性和可用性等来管理和保护信息资产的一项体制，是对信息安全保障进行指导、规范和管理的一系列活动和过程。

　　(2)ISMS 通过应用风险管理过程来保持信息的保密性、完整性和可用性，并为相关方树立风险得到充分管理的信心。ISMS 作为一部分集成在组织机构的过程和整体管理结构中，其实现程度要与组织机构的需要相符合。

　　(3)《信息技术 安全技术 信息安全控制实践指南》定义了信息安全管理中的 14 个安全控制类，分别是信息安全策略、信息安全组织、人力资源安全、资产管理、访问控制、密码、物理和环境安全、运行安全、通信安全、系统获取、开发和维护、供应商关系、信息安全事件管理、业务连续性管理的信息安全方面和符合性。

习　　题

1. 简述信息安全管理的概念。

2. 列举两个信息安全管理的主要标准。

3. 简述信息安全管理体系的概念。

4. 案例分析，以下违背哪条控制措施："非常敏感的系统设计文件，公司要求开发人员只可读，不可以修改，且不可以在公司其他部门传阅，但未对开发人员是否可以打印进行规定。"

5. 案例分析，以下违背哪条控制措施："现场发现未经授权的人员张某进出网络机房，却没有任何登记记录，而程序文件规定除授权工作人员可凭磁卡进出外，其余人员进出均需办理准入和登记手续。"

6. 案例分析，以下违背哪条控制措施："查某公司设备资产，负责人说台式机放在办公室，办公室做了来自环境的威胁的预防，笔记本电脑经常带入带出，有时在家工作，领导同意了，在家也没什么不安全的。"

7. 案例分析，以下违背哪条控制措施："敏感票据印刷企业的制版工艺师办公桌上散放着三份含有票据制版工艺要求的生产通知单。"

8. 案例分析，以下违背哪条控制措施："某公司操作系统升级都直接设置为系统自动升级，没出过什么事，因为买的都是正版软件。"

参 考 文 献

陈萍, 张涛, 赵敏, 2016. 信息系统安全[M]. 北京: 清华大学出版社.

HARRIS S, 2014. CISSP 认证考试指南 [M]. 6 版. 张胜生, 张博, 付业辉,译. 北京: 清华大学出版社.

刘建伟, 王育民, 2017. 网络安全——技术与实践[M]. 3 版. 北京: 清华大学出版社.

美国国家安全局, 2002. 信息保障技术框架(3.0 版)[M]. 国家 973 信息与网络安全体系研究课题组, 译. 北京: 北京中软电子出版社.

石文昌, 2014. 信息系统安全概论[M]. 2 版. 北京: 电子工业出版社.

威尔·亚瑟, 大卫·查林纳, 2017. TPM 2.0 原理及应用指南[M]. 王娟, 余发江, 严飞, 等, 译. 北京: 机械工业出版社.

谢希仁, 2017. 计算机网络[M]. 7 版. 北京: 电子工业出版社.

杨延双, 张建标, 王全民, 2007. TCP/IP 协议分析及应用[M]. 北京: 机械工业出版社.

张焕国, 赵波, 2011. 可信计算[M]. 武汉: 武汉大学出版社.

张建标, 赖英旭, 侍伟敏, 2011. 信息安全体系结构[M]. 北京: 北京工业大学出版社.

中国标准出版社, 2019. 网络安全等级保护标准汇编[M]. 北京: 中国标准出版社.